THE EVOLUTION OF PHYSICS

［美］阿尔伯特·爱因斯坦
［波］利奥波德·英费尔德 著

董康康 译

物理学的进化

从早期概念到
相对论、量子论

地震出版社
Seismological Press

图书在版编目（CIP）数据

物理学的进化 / (美) 阿尔伯特·爱因斯坦, (波)
利奥波德·英费尔德著; 董康康译 . -- 北京 : 地震出
版社 , 2021.1

ISBN 978-7-5028-5207-8

Ⅰ . ①物… Ⅱ . ①阿… ②利… ③董… Ⅲ . ①物理学
史－世界 Ⅳ . ① O4-091

中国版本图书馆 CIP 数据核字 (2020) 第 172146 号

地震版　XM4677/O（6001）

物理学的进化

［美］阿尔伯特·爱因斯坦　　［波］利奥波德·英费尔德　著

董康康 译

责任编辑：王亚明
责任校对：李肖寅

出版发行：地震出版社

北京市海淀区民族大学南路 9 号　　　　　邮编：100081
发行部：68423031　　68467993　　　　　传真：88421706
门市部：68467991　　　　　　　　　　　传真：68467991
总编室：68462709　　68423029　　　　　传真：68455221
证券图书事业部：68426052　　68470332

http: //seismologicalpress.com
E-mail: zqbj68426052@ 163.com

经销：全国各地新华书店
印刷：北京柯蓝博泰印务有限公司

版（印）次：2021 年 1 月第一版　2021 年 1 月第一次印刷
开本：710×960　1/16
字数：204 千字
印张：15
书号：978-7-5028-5207-8
定价：49.80 元

序 言
PREFACE >>>>

在开始阅读前，你肯定期望先找到几个简单问题的答案，比如写这本书的目的是什么，这本书的目标读者是哪些人。

一开始就把这些问题讲清楚，并令读者信服是很困难的，不过在这本书结尾的时候回答这些问题，会简单得多，尽管放在结尾会显得有点多余。因此，我们觉得谈谈这本书不是何种类型的书倒是容易得多。这不是一本物理学教科书，因此本书不会系统地讲述基本的物理事实和理论。我们致力于简洁明了地描绘人类思维在寻求理念世界和现象世界联系方面的尝试。我们在书中会谈到促使科学界提出符合现实理念的动力，但是我们的讲述必须简单。身处由现实和理念编织而成的迷宫中，我们必须选择对于自己来说最具特点和最为重要的路径才能够走出去，那些与我们所选路径不符的事实和理论，则不会出现在本书中。鉴于写作本书的总体目标，我们不得不明确地选定部分现实和理念作为内容。一个问题的重要性跟它所占的篇幅不一定完全成正比。在本书中我们没有提及某些思想脉络，并不是因为它们不重要，而是因为它们跟我们所选择的路径不符。

在写作过程中，我们花了很长时间来探讨所期待的目标读者的各种特征，并设身处地地为这些读者着想。我们假设这些读者没有任何物理学和数学方面的实际知识，但同时他们有很多优点，足以弥补这样的缺憾。我们认为他们对物理学和哲学很感兴趣，同时我们很钦佩本书的读者，因为他们能够耐心地读完本书中那些比较乏味并存在阅读难度的篇章：他们知道，为了弄懂一页内容，必须细读前面的每一页；他们也知道，虽说这是本通俗的科普书，但也不能像读小说一样去阅读它。

阅读这本书的过程更像是你与我们之间简单的交谈过程。你可能会觉得它或讨厌，或有趣，或令人乏味，或令人激动，不过，如果你读完这本书，学到了人类思维是如何持续不断进行创新的，进而能更好地理解物理现象背后的法则，那我们的目的就算达到了。

阿尔伯特·爱因斯坦

利奥波德·英费尔德

目　录
CONTENTS>>>>

第二章　机械观的衰落

第三章　场，相对论

第四章 量 子

Chapter

Chapter

第一章

01

机械观的兴起

» 伟大的侦探故事

在我们的设想中，存在着一个完美的侦探故事。在这个故事中，所有重要的线索都可以被找到，促使我们形成对故事的认知。如果我们仔细地跟进故事情节，在书的结尾交代之前，我们就已经找到完美的答案了。只要这个侦探故事是完美的，那么答案一定不会让我们失望，甚至它会在我们期待它出现的那一刻就立刻浮出水面。

一代又一代的科学家正夜以继日地探寻着自然这本大书的答案。我们是否可以把该书的读者比作科学家呢？这样的类比是不正确的，并且以后也不应该使用。但是，它多少有可取之处，我们可以对其进行延伸和修改，使其更加适合科学对破解宇宙奥秘的追求。

这个伟大的侦探故事，至今还没有人给出答案，我们甚至无法断定它是否真有一个最终答案。但是在阅读这本书的过程中，我们已经收获了很多。它教会了我们很多自然界的基本原理，使我们能够理解许多线索。在无数次科学发展遇到阻力时，它成了令人愉悦和奋发的源泉。不过我们意识到，尽管我们已经读过并且理解了很多内容，但距离最后那个完美的答案依旧十分遥远，甚至我们都不知道到底存不存在一个完美答案。在每一个阶段，我们都试图找到一个跟之前发现的线索相符的解释。目前，应用我们所接受的理论已经能够解释很多事实，但是还没有出现一个符合所有已知线索的普遍解法。大多数情况是一个理论看起来已经非常完美了，但是随着阅读的深入，我们会发现这个理论还不够全面。新的事实出现了，它跟之前的理论是互相矛盾的，或者之前的理论不能够解释新事实。我们读得愈多，就愈发能够理解这本书章节设计的合理性，尽管随着我们阅读的不断深入，圆满的答案似乎离我们越来越远。

自从柯南·道尔写出迷人的侦探故事以来，几乎所有的侦探小说里都存在这样的情况：面临的问题进入某个阶段，侦探已搜集到了相关线索，这些线索往往非常奇怪，前后不相连并且毫不相关，但是这个大侦探知道，这时候已经没必要再继续调查下去了，只需进行纯粹的思考就可以找到各个线索之间的关系。于是他可以拉拉小提琴，或者躺在椅子上抽抽烟，突然间，灵感迸发，所有线索都可以联系在一起了！他现在不仅能解释手头上所有的线索，而且他知道肯定还有一些事件已经发生了。鉴于现在他已非常准确地知道在哪里可以找到其他线索，如果他愿意，随时可以出去找到新线索，进一步证明自己的推论。

说句很老套的话，阅读自然这本大书的科学家必须自己去寻找答案，因为他们不能像那些阅读侦探小说的缺乏耐心的读者一样，可以随意地跳到书的结尾找到答案。在这里，读者就是侦探本身，必须在复杂的背景下探寻各个线索之间的联系——至少是线索之间的部分联系。为了获得答案，即便是部分答案，科学家必须搜集杂乱无序的事件，并且通过自己的创造性思维去理解这些线索并且把它们串联起来。

在接下来的几页内容中，我们旨在简明扼要地描述物理学家的工作，这跟侦探的工作类似，都必须用纯粹的思考来进行。我们要着重谈到的内容是思维和理念在大胆地探求物理知识中起到的作用。

>> 第一个线索

人类自拥有独立思想以来，就一直在尝试读懂自然这个伟大的侦探故事。但是直到300多年以前[1]，科学家才刚刚开始读懂这个故事。从伽利略（Galileo）和牛顿（Newton）的时代开始，科学家们的阅读速度大大加快了。侦探技巧，系统化寻找、追踪线索的各种手段也应运而生。尽管某些自然之谜当时已经得到解决，但随着研究的不断深入，我们发现许多答案只是浅尝辄止，并且只是暂时性的。

几千年来，因为各种复杂因素堆叠，运动这个问题一直不为人所理解。我们在自然界中所能观察到的各种运动，例如向空中抛掷石子，船舶在海上航行，车子在街上行驶等，事实上都是很复杂的。要想理解这些现象，我们最好从最简单的那些运动着手，然后逐步研究那些更复杂的。设想一个静止的物体，没有任何运动。要想改变这个物体的位置，我们就得让力作用于这个物体，比如说推它，抬起它，或者借助其他的物体（如马、蒸汽机等）对它施力。直觉上我们认为运动离不开推、抬、拉等动作。无数次的经验让我们大胆地断言，要想让一个物体运动得更快，必须对它作用更大的力。我们似乎可以很自然地得出结论：对一个物体施加的力越大，它的运动速度就会越快。一架四匹马拉的车比一架两匹马拉的车跑得更快一些。直觉让我们相信，速度跟作用力息息相关。

读过侦探小说的人都非常清楚：一个错误的线索，往往会把思路引入歧途，以致迟迟找不到问题的答案。完全依赖直觉的推理方法是错误的，它会导

---

[1] 此处及后文中类似的时间表述均相对 20 世纪 30 年代而言。——编者注

致我们对运动概念的理解存在问题，而这样的观念在历史上持续了许多世纪。人们长期笃信基于直觉的观点，与亚里士多德在整个欧洲享有巨大的威望密不可分。两千多年前，他在所著的《力学》中写道：

当本来推动物体运动的力不再作用时，原本运动的物体就会停下来。

伽利略的发现以及他所采用的基于科学的论证方法是人类思想史上最伟大的成就之一，这标志着物理学的真正开端。伽利略的发现告诉我们，基于直接观察和直觉得出的结论并不总是可信的，因为它们有时候会把我们引到错误的线索上去。

但是直觉在哪里出错了呢？一架四匹马拉的车比一架两匹马拉的车跑得更快，这难道还会出错吗？

让我们更加细致地观察一下关于运动的基本事实。首先，我们来看看自人类文明伊始我们再熟悉不过的简单的日常经验，以及我们在努力求生存的过程中积累的经验。

假设有人推着一辆手推车在平路上行走，然后突然停止推车，小车会再持续前进一小段距离，然后停止不动。怎样才能在停手之后让小车走得更远呢？有许多种办法，例如给车轮涂油，让路变得更平滑，等等。车轮越容易转动，路越平滑，小车就会走得越远。但是在车轮上涂油和把路变得平滑到底起到了什么作用呢？只有一种作用，那就是使外部的影响力变小，即车轮以及车轮与路面之间所谓的摩擦力施加的影响减小了。这是对观察到的现象做出的一种理论解释，实际上，这个解释还是不够严谨。再往前迈一大步，我们就能够找到正确的线索：假设路是绝对平滑的，车轮与路面间也不存在任何摩擦力，那么就没有什么能够阻止小车前进了，它就会永远运动下去。当然只有理想状态下的实验才能得到这个结论，而该实验事实上是永远无法完成的，因为我们不可能免除所有外界施加影响的力。这个理想化的实验让我们看到了真正奠定运动力学基础的线索。

拿处理这个问题的两种方法做对比，我们可以说，基于直觉的观念是这样的：作用力越大，速度便越快。因此，速度就意味着有没有外力作用于物体之上。伽利略发现的新线索是：一个物体，如果没有人去推它、拉它，也没有用任何其他方法对它施加作用力，或者简单地说，假设没有外力作用于这个物体，那么它会做匀速直线运动，也就是将沿着一条直线以同样的速度运动下去。因此，速度本身并不意味着有没有外力作用于物体上。几十年之后，伽利略这个正确的结论被牛顿总结为**惯性定律**。这个定律，通常就是我们在学校里开始学习物理学时熟记在心的牛顿第一定律，大家可能还记得这个定律：

任何物体都要保持匀速直线运动或静止状态，直到外力迫使它改变运动状态为止。

前文谈到过，惯性定律不能直接通过做实验得出，只能根据观察和后续的思辨得出。理想状态下的实验无论什么时候都是不能实现的，但它能使我们对实际的实验有更加深刻的理解。

尽管身边存在着各式各样的复杂运动，但我们还是选择匀速直线运动作为第一个例子。这是最简单的运动，因为没有任何外力作用于运动物体之上。可是匀速直线运动是永远不可能实现的：从塔上扔下石子，在平路上推动小车都不可能实现匀速直线运动，因为我们不可能完全避免外力的影响。

通常在一个好的侦探故事中，最明显的线索会把我们引向错误的猜想。当我们尝试理解自然规律时，我们同样发现，最明显的、基于直觉的解释往往是错误的。

在人的思维中，宇宙总是处于不断变化当中。伽利略的贡献就在于他打破了这种基于直觉的观点，并用新的观点取而代之。这便是伽利略的发现其重要意义所在。

但是另外一个关于运动的问题马上就出现了。如果速度跟作用在物体上的外力无关的话，那么速度到底是什么呢？伽利略发现了这个重要问题的答案，牛顿则更加准确地解释了这个问题，并形成了我们进一步追寻真相的线索。

为了找到正确的答案，我们必须更深入地去想象在一条绝对平滑的道路上行驶的小车。在我们的理想实验中，没有任何外力作用于这辆小车，因而其是匀速运动的。现在假设有人沿着这辆小车匀速前进的方向推它一下，这时候会发生什么呢？很显然，它的速度会增加。同样显而易见的是，如果朝这辆小车运动的反方向推一下，则小车的速度会减小。在第一个例子中，小车因为被推而加速；在第二个例子中，小车因为被推而减速。所以我们可以随即得出一个结论：外力的作用改变了速度。因此，速度本身跟推和拉这样的动作无关，速度的改变是因为受到了这些外力的影响。而一个力到底是让速度增加还是让速度减小，要看它是跟物体运动的方向相同还是相反。伽利略清楚地认识到了这一点，并且在他的著作《两门新科学的谈话》中写道：

……给予一个运动的物体某种速度以后，只要不存在造成速度增加或者减小的外部的力，那么这个物体会始终严格地保持这个速度——只在水平的平面这个条件下才成立。因为假如不是一个平面，而是一个斜坡，如果是朝下运动，那么就已经存在了一个加速的力；如果是朝上运动，也已经存在了一个减速的力。由此可知，只有在水平平面上的运动才可以永远持续下去，因为假如运动是匀速的，那么速度不会减小或放缓，更不会消失。

沿着这个正确的线索进行研究，我们可以更加深刻地理解运动的问题。不同于我们直觉上所认为的力与速度的关系，力与速度的改变之间的联系构成了牛顿建立起来的经典力学的基础。

我们已经使用在经典力学中发挥主要作用的两个概念：力和速度的改变。随着科学的不断进步和发展，这两个概念都已经得到不断延伸和扩展。因此我们必须更加仔细地对它们进行检验。

力是什么呢？从直觉上来讲，这个概念并不难琢磨。力的概念跟推、抛、拉等这些动作，以及伴随这些动作而产生的肌肉感觉息息相关。但是这个概念所包括的远远不止这些简单例子。不用设想马拉车这样的场景，我们可以想想另外一些力。我们可以设想一下太阳与地球之间、地球与月球之间的引力，以及产生潮汐现象的那些力。同样，我们也可以想一想地球把我们以及我们周边所有物体都限制在它影响范围内的力，以及掀起海浪和吹动树叶的风力。一般而言，无论何时何地，只要我们看到了速度的改变，那么就可以断定，这是外力作用的结果。牛顿在他的著作《原理》中写道：

施加在物体上的力是用以改变它的静止或匀速直线运动状态的一种动作。

这个力只存在于动作中，一旦动作结束了，这个力也就结束了。因为物体都会因为惯性的缘故，保持它运动状态改变之后的新状态。作用在物体上的力有不同的来源，比如敲击、按压和向心力等。

从塔顶向下扔一颗石子，那么它的运动绝不可能是匀速的——其速度会随着石子的下降而逐渐增加。我们断定：外部作用在这颗石子上的力是跟石子运动的方向相同的。换句话说，地球在向下拉着石子。我们再来举个例子，如果我们把石子往上抛，会出现什么情况呢？它的速度会逐渐减小，等到石子到达最高点时就开始往下落。向上抛物体会减速，向下扔物体会加速，这是同一个力造成的。只不过在第一种情况下，作用力跟物体运动方向相同，而在第二种情况下作用力跟物体运动方向相反。力是同一个力，它会造成加速或减速取决于石子的运动方向。

≫ 矢量

我们之前谈到的所有运动都是沿着一条直线的运动，现在我们必须再深入一点。通过分析最简单的情况，以及在最开始的阶段避开所有复杂的情况，我们初步理解了自然法则。直线运动要比曲线运动简单得多，但只理解直线运动对我们而言还远远不够。能够成功地利用力学原理解释的一些运动，包括月球、地球和其他行星的运动都是沿着曲线轨道进行的。从直线运动转向曲线运动带来了许多新的困难。如果我们想要理解经典力学原理，就必须鼓起勇气克服这些困难。经典力学为我们提供了第一个线索，它是科学发展的起点。我们再来看一下另外一个理想化的实验。假设一个完美的球体在一张平滑的桌子上匀速滚动。我们知道，假如我们推一下这个球体，也就是说，对它施加一个外力，那么它的速度就会改变。跟之前我们提到的小车的例子不同，我们假设推的方向既不与小球运动的方向相同，又不与之相反，而是垂直于小球运动的方向，那么结果会怎样呢？我们可以清晰地观察到运动可以分为三个不同阶段：最初的运动，施加外力后的运动以及外力作用停止以后的运动。根据惯性定律，在外力作用前后，小球都是绝对匀速运动的。但是在外力作用之前与之后的匀速直线运动存在区别：小球运动方向改变了。之前小球的运动方向和外力作用方向是垂直的，受力之后小球的运动方向跟这两个方向都不一致，而是介于它们两者之间。如果推力比较大而初速度比较小，那么之后小球的运动方向靠近推力的方向；相反，如果推力比较小而初速度比较大，那么之后小球的运动方向会靠近最开始运动的方向。基于惯性定律，我们可以得出一个新结论：一般说来，外力作用不仅改变物体运动速度，也改变物体运动方向。弄清楚这一点之后，我们就可以接受物理学中矢量这个概念的引入了。

我们可以继续使用简洁明了的推理方式，依旧以伽利略的惯性定律为出发点。在帮助我们揭开运动之谜方面，这个重要线索还有巨大的潜力未被开发。

现在设想一下在一张平滑的桌子上，存在两个朝不同方向运动的小球。为了有更直观的感受，我们假设这两个方向是互相垂直的。因为没有任何外力作用，故小球的运动是绝对匀速的。再进一步假设两个小球的速度相同，即这两个小球在相同的时间内走过的距离相等。但是否现在就可以说这两个小球在物理学意义上具有相同的速度呢？可以说是，也可以说不是！假设两辆汽车的速度计上都显示车速为40英里①/小时，那么无论这两辆车的行驶方向如何，通常我们都可以说这两辆车的速度是一样的。但科学为方便自身使用，必须创造一套特有的语言和概念体系。科学的概念一开始都是日常生活中会用到的普通概念，但发展方向与日常生活中的不同。它们经过改变，不再具备日常生活中的模糊性特征，变得更加精确严谨，从而能更好地应用于科学的思维。

对于物理学家而言，他们更倾向于采用这样的说法：朝着不同方向运动的两个小球速度是不同的。这只是约定俗成的说法，物理学家更倾向于说：从同一个点出发，沿着不同道路行驶的四辆汽车，尽管在速度计上显示的速度都是40英里/小时，它们的速度仍是不同的。速率（只考虑数值）和速度（考虑数值和方向）的区别显示了物理学如何从日常生活中的概念出发，对其进行改造，使其更适合助推科学的发展。

对于测量结果，我们可以用若干种单位来表示，如一根棍子的长度可能是3英尺②7英寸③，某件东西的质量也许是2磅④3盎司⑤，而一个时间长度可能是若

① 1 英里 =1609.344 米。
② 1 英尺 ≈ 0.305 米。
③ 1 英寸 ≈ 0.025 米。
④ 1 磅 ≈ 453.6 克。
⑤ 1 盎司 ≈ 28.35 克。

干分若干秒。在这几种情况下，测量结果都可以用"数值+单位"的形式来表示。但在描述一些物理概念时，这种形式还不充分，意识到这一点是科学研究中的一大进步。例如，方向性和数值大小都是物理学中速度的基本特征。（图1-1）。这种既有数值又有方向的量被称为矢量，它通常表现为箭头的形式。速度就可以用一个箭头来表示，或者更简单地说，我们用矢量来表示速度。矢量的长度代表某一定量所选单位的数值，可用以表示速度数值；而矢量的方向就是运动的方向。

假设4辆汽车从同一点出发以相同的速率朝4个不同方向开出，那么我们可以像图1-1所示的那样，用4个长度相等方向不同的箭头来表示。图1-1中所用的比例尺是1英寸：40英里。通过使用这种方法，任何速度都可以用一个矢量来表示。反过来，如果知道比例尺的话，我们就可以根据这样的矢量图确定速度。

如果两辆汽车在马路上相遇，且速度计上显示的速度都是40英里/小时，那么我们可以用长度相等、方向相反的两个箭头来表示这两辆车的速度（图1-2）。这就像地铁上指示"进城"和"出城"的箭头应该用相反的方向一样。但是，所有进城的火车，不论从哪个车站出发或者在哪一条线路上行驶，只要行驶速率相同，速度都是一样的。它们都可以用一个矢量表示。矢量并不能告诉我们火车正经过哪一站，也无法说明火车沿着哪一条平行轨道行驶。换句话说，根据约定俗成的说法，所有图1-3中所画的矢量都可以被认为是相等的。它们彼此重合，或者互相平行，长度相等，表现为朝着相同方向的箭头。而图1-4中所画的矢量都不相同，因为它们长度不同，方向不同。这4个矢量还可以用另外一种方法来表示，即像图1-5一样，4个矢量都从同一点出发。因为出发点无关紧要，所以这些矢量既可以表示从同一地点离开的4辆汽车的速度，又可以表示4辆车在4个不同的地点，以图中所示的速度行驶。

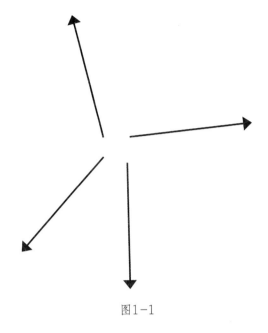

图1-1

图1-2

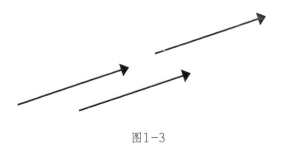

图1-3

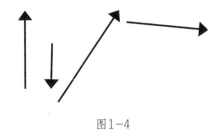

图1-4

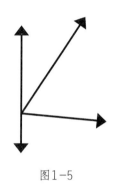

图1-5

现在我们就可以用矢量图来描述之前讨论过的直线运动情况。我们之前讨论过，一辆匀速直线运动的小车，只要顺着它运动的方向推它一下，它的速度就会增加。如果用图来表示的话，我们可以画出两个矢量：短的那个矢量表示推之前的速度，与短矢量方向相同的长矢量则表示受力之后的速度。虚线矢量的意义也很清楚，它表示因为受力而产生的速度的变化（图1-6）。如果受力方向与运动方向相反，那么速度会因而减小。在这种情况下，矢量图就变得不一样了。虚线矢量依旧表示速度的改变，但它的方向跟之前的例子不同（图1-7）。从中我们可以清楚地理解，速度本身以及速度的变化都是矢量，但速度发生任何变化都是由外力作用引起的，因此外力也必须用矢量来表示。为了完整地描述一个力，我们不能只说用了多大的力去推车，还应说明我们推的方向。这个推力，就像速度和速度的改变一样，不能单用一个数值来表示，也应该用一个矢量来表示。因此外力也是矢量，而且一定与速度改变的方向相同。在图1-6、图1-7中，虚线矢量既指明了力的作用方向，又指明了速度改变的方向。

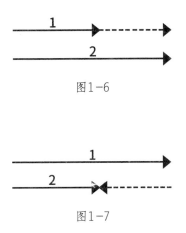

图1-6

图1-7

　　或许有人会疑惑引入矢量的作用是什么。上述我们所做的工作无非是把一些早已知道的事实转变成一种不熟悉且复杂的语言而已。在这个阶段，我们确实很难说服那些对矢量使用持怀疑态度的人。实际上，就目前状况而言，他们是对的。但是我们将会看到，正是这种奇怪的语言，使我们能对一些事实进行概念化处理。在此过程中，矢量发挥了重要作用。

》运动之谜

　　上文中我们只谈到了直线运动，对自然界中其他可以观察到的种种运动还知之甚少。我们还必须观察曲线运动，下一步还要确定这些运动遵循的定律。这绝非易事。在上述我们谈到的直线运动中，速度、速度的改变、力等概念对我们帮助很大，但是我们很难立刻弄清楚应该如何把这些概念应用到曲线运动中。我们甚至有理由认为新概念需要被创造出来，因为旧概念已经不足以描述广泛的运动。那么我们是该沿着旧路走，还是另辟蹊径呢？

对概念进行归纳推广是科学研究中常用的办法。进行归纳推广并不是唯一的方法，实际上，很多方式都能做到。但是无论采取何种方式，我们都必须严格地遵照一个要求：归纳推广的前提条件充足时，推广后的概念必须能够简化为原始概念。

我们现在正在讨论的例子就能很好地解释这一点。我们可以尝试归纳速度、速度的改变和力等概念，然后将它们推广至曲线运动。从严格意义上说，曲线是包含直线在内的，直线只是一种特殊的曲线，占比很小。因此，如果速度、速度的改变和力能够用于曲线运动，那么它们可以很自然地用于直线运动，但是其结果绝对不能跟我们之前得到的结果相矛盾。如果曲线变成直线，那么所有在曲线运动中归纳推广后的概念都必须被还原为直线运动中我们已经熟知的概念。但是仅仅这样一个限制条件还不足以决定归纳推广的过程，因为如果只有这一个限制条件的话，其他多种可能性就可能被忽略。透过科学史我们可以看到，最简单的归纳推广有时成功，有时失败。首先，我们要做一个猜测。在目前我们讨论的这个例子里，猜出正确的归纳推广方法并不难。归纳推广后的新概念是非常成功的，它既能帮助我们理解向空中抛掷石子的运动，又可以帮助我们理解行星的运动。

速度、速度的改变和力这几个概念在曲线运动中一般表示什么意思呢？我们先来看一看速度。如图1-8所示，一个很小的物体沿着曲线从左向右运动，我们通常把这样的小物体称作质点。如果曲线上的黑点表示这个质点在某一瞬间的位置，那么，速度在此时此地是怎样的呢？和之前一样，伽利略提供的线索可以帮助我们理解这里的速度。请再设想一个理想化的实验：质点在外力的作用下，沿着曲线从左向右运动，如图1-9中的黑点所示，在某个给定的时刻或位置，所有的外力突然停止作用。那么，根据惯性定律，运动应当是匀速直线的。在实际情况中，我们当然不可能使物体完全不受外力的影响。我们只能推测："假设……，结果会怎样？"而后我们再根据推测所得出的结论以及其与实验结果是否相符来判断我们的推测是否合理。

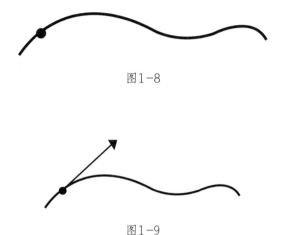

图1-8

图1-9

　　图1-10中的矢量表示假设所有外力消失时我们所猜测的质点匀速运动的方向，即所谓的切线方向。透过显微镜来观察某一时刻质点的运动轨迹，我们只能看到极小一部分曲线，它显现为很短的线段，切线就是它的延长线。因此，图上画出来的矢量就代表运动的质点在该给定时刻的瞬时速度，速度矢量就在切线上，它的长度代表速率，就像汽车速度计上所显示的数值一样。

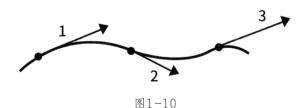

图1-10

物理学的进化

　　对于破坏运动，寻求速度矢量的这个理想化实验，我们不必较真。它只能帮我们搞懂速度矢量的名称，方便我们确定在某个特定时间和特定位置的速度矢量。

　　图1-10显示了同一个质点在沿一条曲线运动时在3个不同位置上的速度矢量。在该图中，我们可以看到质点运动的方向和速度的数值（表现为矢量的长度），在运动过程中都在不断变化。

　　这个新的速度概念能否满足归纳推广过程中的所有需求呢？换句话说，如果曲线简化为直线，它是否也能够简化为以前的速度概念呢？显然是可以的。当运动轨迹是直线时，其切线就是直线本身，速度矢量的方向与运动方向重合，这种情况跟做直线运动的小车或者滚动的小球是一样的。

　　接下来我们就要谈到沿着曲线运动的质点的速度变化。这里有多种方法，我们会从中选择最简单便捷的。图1-10中的几个速度矢量分别代表曲线上不同位置的运动。我们可以再画一下前面的两个矢量，让它们从同一点出发。我们已经知道，对矢量而言，这样做是可行的（图1-11）。我们把虚线矢量称为"速度的改变"。虚线矢量的起点是第一个矢量的终点，而终点是第二个矢量的终点。乍一看，"速度的改变"这个定义似乎有些牵强且没有意义。在下述特殊情况中，也就是矢量1和矢量2的方向相同时，这个定义就变得更加清晰易懂了。当然，这又回到直线运动上去了：如果两个矢量起点相同，那么虚线矢量依旧是把它们的终点连接起来，如果画出来的话，就跟图1-6或图1-7完全相同，而以前的概念就成为新概念的一种特殊情况。在图中，我们需要把两根线分开，因为如果不这样的话，它们就会重合，难以分辨了。

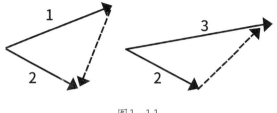

图1-11

现在我们来进行归纳推广的最后一步。这是迄今为止我们做过的诸多猜想中最为重要的一个。我们必须要在力与速度的改变之间建立起联系。只有这样，我们才能够找到理解关于运动的普遍问题的线索。

理解直线运动的线索是非常简单的：外力导致了速度的改变，外力的矢量方向跟速度改变的方向是相同的。那么，现在什么是可以帮助我们理解曲线运动的线索呢？还是速度！唯一的区别在于现在速度改变的意义比以前更宽泛了。只要看一下图1-11和图1-6中的虚线矢量，我们就能清楚地认识到这一点。只要知道曲线上任意一点的速度，我们就能推导出任意一点上力的方向。我们必须取曲线上时间间隔相距极短的两个点，相应地，这两个点的位置也极相近。连接第一个矢量的终点和第二个矢量的终点的这个矢量的方向，就是作用力的方向。但是必须要记住，两个速度矢量的时间间隔必须是"极短"。要想严格地定义"极短"和"极近"这样的概念是非常困难的。事实上，为了能够准确分析这样的概念，牛顿和莱布尼兹（Leibnitz）发明了微积分。

我们煞费苦心，花了很长时间才对伽利略提供的线索进行了归纳推广。我们无法写尽归纳推广后的线索为人类带来了多少丰厚的回报。总之，对其归纳推广及应用后，许多之前看起来互不相关的和难以理解的事情都能够以最简单的方式加以解释，并且让人信服。

我们应该从现实中存在的各种各样的运动中选取最简单的，用刚才所谈到的定律来进行解释。

枪射出来的子弹，斜抛而出的石子，水管里喷射出来的水，这些物体的运动路径都是大家非常熟悉的抛物线。假设我们在石子上绑上一个速度计，那么我们就可以画出石子在任何时刻的速度矢量。其结果在图1-12中可以被充分体现出来。作用在石子上的力的方向就是速度改变的方向，我们已经知道这个方向是如何判断出来的。图1-13中指出，作用在石子上的力是垂直向下的，这跟我们在塔顶向下扔石子的情况完全一样。二者的运动路线和速度完全不同，但是速度改变的方向是相同的，即朝向地球的中心。

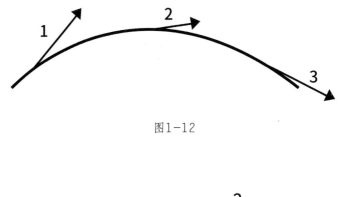

图1-12

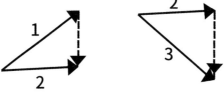

图1-13

把石子绑在一根绳子的末端，并在水平面上挥动绳子，石子就会做圆周运动。

如果运动是匀速的，那么图中表示速度的所有矢量长度都相等。然而速度矢量并不都一样，因为运动的路径并非直线。只有在做匀速直线运动时，物体才不受任何外力的作用。在外力作用下，速度的大小是一样的，方向却在不停地改变（图1-14）。根据运动定律，肯定是外力导致了这种变化。在这个例子中，方向改变是因为在石子和握绳子的手指间存在一个力。于是我们马上就发现了一个新问题：力起作用的方向是什么呢？我们同样用一个矢量图来回答这个问题。如图1-14、图1-15所示，请找到运动路径上相距极近的两点，并画出其速度矢量，这样我们就可以看出速度的改变。不难看出，这个矢量以运动路径的圆心为中心，沿着绳子做运动，且永远与速度矢量或圆的切线垂直。换句话说，手通过绳子对石子施加了一个力。

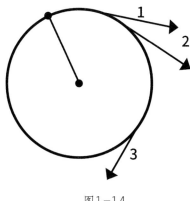

图1-14

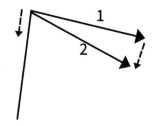

图1-15

　　与这个例子相似但更有价值的案例是月球围绕地球的转动。其大体可以看作匀速圆周运动。作用在月球上的力的方向是朝向地球的，这和刚刚谈到的石子所受力的方向朝向手原因相同。当然，地球与月球之间不存在什么绳子把两者连在一起，但是我们可以设想一下：在月球和地球的中心之间有一条线，力沿着线的方向，朝向地球的中心，就和石子被抛向空中或从塔上被扔下时所受的力一样。

　　前面我们谈到的所有关于运动的内容都可以用一句话来总括：力与速度的改变是方向相同的矢量。这是我们解决运动问题的最初线索，但要想完美地解释我们观测到的所有运动，显然还不够。从亚里士多德到伽利略，人类思维方式的转变，已成为科学基础形成中极为重要的基石。这种转变出现之后，科学发展的路线就很清晰了。这里我们重点关注的是发展的最初阶段。在我们同旧概念的艰苦斗争中，是如何找到最初的线索的？新的物理概念又是如何诞生的？我们只关注科学的开创性工作，集中寻找新的、未预见的科学发展新道路。随着科学思维的不断发展，我们对于这个世界的认识在不断变化。最初和基本的探索总是革命性的，科学的思维会看到旧概念的局限性，于是用新的概念取而代之。沿着任何一条已知的路继续发展，究其本质，都是进化，而非革命，除非我们能够到达下一个转折点，也就是征服新的领域。但是为了弄清楚究竟是哪些原因和困难迫使我们改变一些重要的概念，我们不仅要知道最初的线索，还要知道由这些线索推导出的结论。

　　现代物理学最重要的一个特征是：由最初的线索推导出来的结论，不仅是定性的，而且是定量的。让我们再想一下从塔上扔下石子的例子。我们已经知道，随着石子逐渐下落，它的速度会逐渐增加。但是我们还应该知道更多，比如：速度改变了多少呢？在开始掉落以后的任何一个瞬间，石子的位置和速度是怎样的？我们希望能够预测事件结果，并用实验来验证观察结果与最初的假设是否相符。

　　我们要想得出定量的结论，就得用数学语言。大多数基本的科学理念，究其本质都是比较简单的。因此，一般而言，它们可以用浅显易懂的语言来表达。但要理解这些理念，需要极强的推理能力。如果我们想得出和实验效果相当的结论，那么数学可以成为一个必要的推理工具。本书只讨论基本的物理学观念，所以我们不使用数学语言。为保持在本书中一直不使用数学语言，我们要避免引用一些必要的结果（无证据），即使它们在进一步发展过程中产生了重要线索。放弃数学语言必须要付出一些代价，那就是丧失一定的精确性，而且有时候我们会引用一些结果，却不会说明它们是如何得出的。

　　关于运动的一个非常重要的例子是地球绕太阳的运动。大家都已经知道，其运动路线是一个椭圆形的闭合曲线（图1-16）。通过画出速度改变的矢量图，我们可以看到作用在地球上的力是指向太阳的。但是这点信息还远远不够。我们希望预测地球及其他太阳系行星在任何时刻的位置，下一次日食以及许多其他天文现象的日期和持续时间。做到这些事情是有可能的，但只依靠最初的线索是不够的，因为我们不仅仅必须知道力的方向，还要知道它的绝对值，也就是力的大小。牛顿受到启发，在这方面做了一个猜想。根据他的引力定律，两个物体之间的引力与它们的距离存在一种很简单的关系：距离增加，引力减小。说得确切些，当距离增加到原来的2倍，引力就会变为原来的1/4；当距离增加到原来的3倍，引力便减小到原来的1/9。

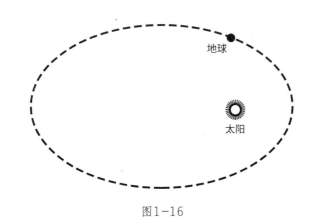

图1-16

　　因此，我们可以看到，在万有引力方面，我们能以很简单的方式把两个运动物体之间的引力与距离的关系表示出来。我们还可以用相同的方式应对所有其他情景下出现的各种不同的力，如电力、磁力等。我们试图用一种简单的方式来解释力，而这样的表述是否正确，要看由它推导出来的结论是否与实验结果相符。

　　但是仅具有引力方面的知识并不足以描述行星的运动。我们已经知道，在极短时间间隔内的力和速度改变的矢量，它们的方向是相同的。但如果我们跟着牛顿进一步研究，假设它们的长度之间存在着一种简单的关系，如果所给定的其他所有条件都相同，也就是说，研究同一个运动的物体在相同的时间间隔内速度的改变，按照牛顿的说法，所得结果应是速度的改变与作用力的大小成比例关系。

　　为了得出关于行星运动的定量结论，我们需要补充两个猜想。一个是一般意义上的，可用于说明力和速度改变之间的关系；另一个则是特殊的，可用于说明这种作用在物体上的特殊的力和物体之间距离的关系。第一个是牛顿关于运动的普遍定律，第二个是他的引力定律。将这些定律结合起来就是运动遵循的定律。下面一个似乎很简单的推理就能把运动定律解释清楚。假设我们能够确定在某特定时刻行星的位置和速度，并且也知道力，那么，根据牛顿定律，我们便能够知道在极短时间间隔内的速度改变。知道了初速度和速度的改变，我们就可以知道在这个时间间隔结束时行星的速度和位置。通过不断重复这个过程，我们不用观察数据就可以得到整个运动路线。从原则上来说，这是力学用以预测物体运动路线的方法，但在这里并不适用。实际上，这种渐进的步骤异常烦琐且极不准确。幸运的是，我们完全没有必要使用这种方法。数学给我们提供了捷径，使我们能够十分准确地描述运动，而且这种描述比我们平时说的一个句子还要简洁。用这种方法所得到的结论可以通过观察来证明或推翻。

同样的外力还出现在石子从空中落下的运动以及月球按轨道绕地球转动的运动中，这体现出了地球对物体的引力。牛顿认为：石子落下的运动、月球绕地球转动其实都是两个物体之间存在万有引力的特殊表现。在简单的情况下，我们可以运用数学手段去描述和预测运动；在非常复杂的情况下，当两个物体相距极远时，会牵扯到很多物体彼此之间的作用，用数学手段去描述就会难得多，但基本的原理都一样。

沿着最初的线索，通过分析石子从空中落下的运动以及月亮、地球和其他行星的运动，我们最终得出了结论。

通过实验来证明或者推翻的是我们的所有猜想。我们不能从之前的假设中单独拿出来一个进行测试。在行星围绕太阳运动的例子中，应用力学体系能够很完美地对其进行解释。然而，我们也不难想到，基于不同猜想的另一套体系也许同样能够完全解释这些。

虽然看起来如此，但是物理学概念并不是由外部世界决定的，而是由人类思维自由创造出来的。我们一直在尝试理解现实，这有点像一个人想弄清楚一个表盖关闭的钟表的原理。他能够看到走动着的指针，甚至可以听到滴答声，但是他无法打开表盖。如果能进行创造性思考，他大概能理出来一些原理以解释观察到的一切现象。但是，他永远不能完全断定，他自己理出来的原理就是他所观察到的现象的唯一解释。他永远不能把自己设想出来的原理跟实实在在存在的原理进行比较，甚至不能想象这种比较到底存不存在可能性或者到底有没有意义。但是他完全相信：随着他的知识不断增加，他用于描述现实的原理也会越来越简单，并且它能逐渐解释越来越多的他观察到的现象。他也相信，在理想状态下，知识存在极限，而人类的思维正在逐步接近这个极限。他可以把这个理想状态下的极限叫作客观真理。

» 还有一个线索

人们在刚开始研究力学时可能会觉得，在这个科学分支中，一切事物都是简单的、基本的且确定无疑不会再变的。此外，还存在着一个重要的线索，但它被人们忽视了300年，几乎没有人相信这样一个重要线索真实存在。人们所忽视的这个线索与一个力学基本概念息息相关，即质量。

我们再回过头来看一下小车行驶在一条绝对平滑的路上这个简单的理想化实验。假设小车最开始是静止不动的，然后对它施加一个推力，那么它之后就会以一个确定的速度匀速直线运动。只要我们愿意，可以无数次重复施加推力的动作，无论作用在小车上的力多大。无论我们重复多少遍这个实验，都会发现小车最终的速度总是一样的。但是如果改变一下这个实验——开始做实验时车上没有装任何东西，现在让它装上东西，结果会怎样呢？相比之下，装了东西的小车最终会比空车速度慢。我们可以由此得出结论：将同样的力作用于两个处于静止状态的质量不同的物体上，这两个物体最终的速度是不一样的。我们可以说，物体的运动速度与其质量相关，质量越大，速度越小。

　　这样一来，至少在理论上我们能知道如何确定物体的质量。更确切地说，我们知道如何确定一个物体的质量与另一个物体的质量之间的倍数关系。对同样处于静止状态的两个物体施加同样大小的力，如果发现第一个物体的运动速度是第二个物体运动速度的3倍，那我们就能断定第一个物体的质量是第二个物体质量的1/3。当然，这并不是判断两物体质量之间比例关系最实用的方式。不过，我们可以设想，通过惯性定律，我们可以按某种方式使用这种方法。

　　现实中我们是怎样确定物体质量的呢？当然不是采用上文所述的那种方法。每个人都知道应该怎么做，只要把需要测量的物体放到天平上称一下就可以了。

　　接下来让我们详细谈论一下上述两种确定物体质量的方式。

　　第一个实验跟重力，也就是地球的引力无关。小车在推力作用下，沿着一个绝对光滑的平面运动。重力使小车能够保持在平面上运动，它在运动过程中没有发生任何改变，所以在确定质量方面，重力起不到任何作用。而这与第二种方式——通过天平称重是完全不同的。如果地球不能吸引物体，也就是说如果地球上不存在重力的话，天平是绝对不可能起作用的。这两种确定质量的方式的不同之处在于：第一种方式与重力没有任何关系，第二种则依赖于重力的存在。

　　我们会问：如果我们分别采用上述两种方式去确定某两个物体质量的比例关系，那么我们能得到一样的答案吗？通过实验，我们可以得出非常清晰的答案，即结果是完全一样的！我们无法预知这个结论，因为它是通过实验得到的，而非我们思维的产物。我们可以稍微简化一下，把用第一种方式确定的质量叫作惯性质量，把用第二种方式确定的质量叫作引力质量。在我们的世界中它们碰巧相等，但是我们很容易想到，它们本不该相等。这让我们立刻想到另一个问题：惯性质量和引力质量的相等是纯粹偶然的，还是存在更深远的意义呢？经典物理学的观点认为：这两种质量的相等是偶然的，我们也不该认为这存在着什么更加深远的意义。现代物理学的观点却恰恰相反：这两种质量的相等是具有重要意义的，它形成了一个新的基本线索，该线索能把我们的理解推进到更加深入的地步。事实上，这也是引发所谓广义相对论的极为重要的一个线索。

如果一个侦探故事，把其中所有诡异的事件都解释为偶然事件，那它绝对不是什么上乘之作。若想让读者更满意，侦探故事必须要按合乎情理的方式发展。在理论层面也是如此。假设这两种理论都能够比较全面地观察到现实情况，如果其中一种理论能解释为什么引力质量和惯性质量是相等的，另一种理论却把它们的相等归结为偶然，那么前一种理论自然要比后一种好一些。

鉴于相同的惯性质量和引力质量对形成相对论至关重要，我们应在这里更加认真地谈论一下这两者之间的相等。有哪些实验可以证明两种质量是一样的，并能让人信服呢？事实上，从伽利略从塔上丢下不同质量的物体这个古老的实验中，我们就能找到答案。他发现不同质量物体的下落时间总是相同的，也就是说，下落物体的运动与质量无关。要把这个简单但十分重要的实验结果与两种质量的相等联系起来，我们还需要做一些更为复杂的推理。

一个处于静止状态的物体受外力作用后，就会以一定的速度开始运动。在外力作用下，其运动的难易程度和它的惯性质量息息相关。物体质量越大，就越不容易在受力的情况下运动起来。如果不是很严谨的话，我们可以说，物体在受到外力作用时，其产生运动的难易程度取决于自身的惯性质量。假设地球的引力可以作用于所有物体，并且引力相同，那么惯性质量大的物体，与其他物体相比，其下降速度会慢些。但是事实并非如此，所有物体的下降速度都是一样的。这表明地球对不同质量的物体产生的引力是不同的。地球通过重力吸引石子，但对石子的惯性质量一无所知。地球的"召唤"取决于引力质量，石子"回应"的运动则取决于惯性质量。因为"回应"的运动总是一样的，也就是说，从同样高度下落的所有物体情况都是相同的，由此我们可以推论：引力质量和惯性质量相等。

从物理学家的视角来看上面这个结论，其表述则更加专业：下落物体的加速度与其引力质量成正比，而与其惯性质量成反比。因为所有的下落物体都会不停加速，且加速度一样，所以这两种质量必定是相等的。

在这个伟大的侦探故事中，没有已经完全解决的问题，也没有一个确定无疑永远不变的问题。现在，我们再次回到最初的运动问题上，重新审视这个问题，寻求过去被忽视的线索，因此，对于我们身处的宇宙又产生了不同的认识。

» 热是一种物质吗

现在我们来研究一个新的线索，它起源于热现象领域。我们不能把科学割裂成若干个彼此无关的部分。事实上，我们很快就会看到，此处谈到的新概念与那些我们已熟知的概念以及我们之后还会再提及的概念交织在一起。在科学某一个分支里发展起来的思想方法，往往能被用来解释似乎截然不同的事件。在这个过程当中，我们往往会对原来的一些概念加以修改，这样我们既能理解孕育这些概念的现象，又能理解利用这些概念解释的新现象。

在描述热现象时，最基本的概念是温度和热。在科学史上，我们花费了极长的时间才把这两种概念区别开来。将这两种概念区别清楚后，科学就取得了飞速的发展。虽然现在大家对这两个概念已经非常熟悉了，但我们还是要认真地研究一下这两个概念，并着重指出两者的区别。

触觉会非常清楚地告诉我们某个物体是冷还是热，但这纯粹只是一个定性的判断，并不足以做定量的描述，有时甚至含糊不清。有一个大家已经熟知的实验：有三个容器，一个装冷水，一个装温水，一个装热水。如果我们把一只手放到装冷水的容器内，同时把另一只手放到装热水的容器内，我们马上就可以意识到：第一个容器里的水是冷的，而第二个容器里的水是热的。但如果之后我们把两只手同时放到装温水的容器里，就会得到两种相互矛盾的感觉。同样的道理，如果一位爱斯基摩人和一位赤道地区国家的原住民于春季在纽约会面，那么他们对于天气是冷是热的看法会截然不同。我们后来选择用温度计来解决所有这些问题，最初的温度计是伽利略设计的。我们又一次提到了这个伟大的名字！温度计的使用是以一些明显的物理学假说为依据的。我们可以引用约150年前布莱克（Black）讲义中的一段文字，来回忆一下这些假说。布莱克在帮助我们区分热和温度这两个不同概念方面做出了很大的贡献：

> 通过使用这种仪器，我们发现，如果我们选取1000种（甚至更多种）不同类别的物质，如金属、石子、盐、木头、羽毛、羊毛、水以及其他各种不同的液体，把它们一起放到一个没有火，阳光也照射不到的房间内。虽然一开始时，它们的热各不相同，但在放进这个房间以后，热会从较热的物体传至较冷的物体。几个小时或一天以后，我们用温度计把所有物体都测量一下，所得数值会是完全一样的。

引文中斜体的"热"字，按照现代术语，应该用"温度"来替代。

一个医生从病人口中拿出温度计，他可以做这样的推断："通过温度计上水银柱的长度，我们可以看出温度（假设水银柱长度的增加与温度增加成正比）。温度计和我的病人接触了几分钟，所以病人的温度和温度计显示的温度是相同的。因此，我推断温度计显示的数值就是我的病人的温度。"医生也许只是在机械地做自己的工作，然而他在无意中已经使用了物理学原理。

但一个温度计所包含的热量是否跟一个人的身体所包含的热量相等呢？自然不是。正如布莱克所说，如果仅仅因为两个物体的温度相等，便认为它们的热量也相等，也未免太过草率了。这是把不同物体的热量与通常人们认为的热的强度搞混了。在研究热分布时，这显然是两件不同的事，我们也应当加以区别。

只要做一个很简单的实验，我们就能把这两者区分开来。把1磅水放在火焰上加热，要把它的温度从室温变到沸点需要一小段时间。但如果在同一个容器中装12磅水并用同样大小的火焰来加热的话，使它达到沸点，所需时间就多多了。我们这样解释该现象：为了把更多的水加热到沸点，我们需要更多的"某样东西"。我们把这里的"某样东西"称为热。

从下述实验中我们可以得到一个更重要的概念：比热。在一个容器中装入1磅水，在另一个容器中装入1磅水银，以同样的方式加热这两个容器。水银变热的速度要比水快得多，这表明使水银的温度升高1摄氏度需要的"热"较少。一般而言，把质量相等的不同种类的物质，比如水、水银、铁、铜、木等，加热1摄氏度，例如从40摄氏度加热到41摄氏度，所需要"热"的量是不同的。所以，每一种物质都有独特的热容量或比热。

了解了热的概念之后，我们就可以更加细致地研究它的本质了。假设存在两个物体，一热一冷，或者更加确切地说，一个物体的温度比另一个高。在不受任何外界影响的情况下，让它们相互接触。我们知道，最后它们的温度会趋于一致。但是这个过程是怎样进行的呢？从它们开始接触到彼此达到相同温度的这段时间里，到底发生了什么呢？我们可以设想一下，热从一个物体流向另外一个物体的过程，就像水从高水位流向低水位一样。虽然我们在下面展现的过程非常简单，但它跟很多事实都是相符的。我们来看一下这样简单的类比：

水——热

高水位——高温度

低水位——低温度

热的流动会一直持续到两个物体的温度相等时才停止。我们可以通过定量考察，使这样简单的观点更加有用。如果把分别已知质量和温度的水同酒精混合在一起，那么在知道比热的前提下，我们就能预测混合物的最终温度。相反，观察到最终温度后，我们只需要用一些代数知识就可以求出这两种物质比热的比例关系。

我们看到，这里热的概念与其他物理学概念有一些相似之处。根据我们的观点，热跟力学中的质量一样，是一种物质。它的量既可以改变，又可以不改变，就像钱一样，既可以存在保险柜里，又可以花掉。只要不动保险柜，那么里面钱的总数就始终不会变化。同样地，对于一个独立存在的物体，其质量和热的总数也是不变的。理想中的保温瓶与保险柜类似。而且，对一个独立的系统而言，即使其发生化学变化，其质量也是保持不变的。所以即使热从一个物体流向了另一个物体，热量本身也并没有流失。即使热没有被用来提高物体的温度，而是被用于融化冰或把水变成蒸汽，我们仍然可以把它想象为物质。而且只要再把水冻结为冰，或者把蒸汽液化成水，所有的热便会恢复。融化或汽化潜热这一类的旧名词都表明，这些概念的产生是因为我们把热想象为一种物质。潜热只是暂时的，就像把钱存在保险柜里，只要你知道怎么打开保险柜，就可以随时把钱取出来。

但是热当然不是一种跟质量相似的物质。我们可以用天平来确定质量，但是热呢？一块烧得通红的铁是不是比一块冷冰冰的铁重呢？实验证明并不是这样的。如果我们把热当作一种物质，那么它是一种没有质量的物质。"热物质"通常被称为卡路里，这是我们所认识的诸多无质量物质中的第一种。以后我们还有机会去研究这些无质量物质的兴衰史，不过目前我们只需要注意这一种无质量物质就够了。

人们提出任何一种物理学理论的目的都是尽可能多地解释一些现象。只要它能够让人们理解各种现象，就能证明它是正确的。我们已经知道，物质理论已经解释了很多热现象，但是很快我们就会发现，这又是一个错误的线索。我们不能把热看作一种物质，即使看作一种无质量物质也不可以。其实我们只要简单回想一下人类文明最初的一些简单实验，就能搞清楚这一点。

我们把物质视作一种既不能被创造又不能被毁灭的东西。但是，原始人通过摩擦就可以创造出足够的热来点燃木材。事实上，摩擦生热的例子实在太多了，大家也非常熟悉，这里不用一一列举。在上述例子中都有热量被创造出来，而我们使用物质理论很难解释这样的事情。当然，物质理论的拥护者还会进行一些论证，试图解释这件事情。他们的推理可能是这样的："应用物质理论可以解释明显的热的创造。最简单的例子就是用两块木头相互摩擦，摩擦影响了木头并改变了其特性。木头的特性很可能在摩擦后发生了一定的改变，即量没有发生变化的热产生了比之前更高的温度。总之，我们见到的只是温度的改变，可能是摩擦改变了木头的比热，而非改变了热的总量。"

讨论到现在，其实跟一个物质理论的拥护者辩论没有太大意义，因为这件事只能通过实验才能进行验证。假设有两块完全一样的木头，我们采用不同的方法使这两块木头的温度变得一模一样。例如，一块是用摩擦的方法使其升温，而另一块是让它与放热器接触后升温。如果两块木头在温度改变之后依旧有相同的比热，那么整个物质理论就轰然倒塌了。我们可用一些非常简单的方式测定比热，物质理论的命运就取决于这些测量结果。在物理学史上，经常会出现能宣判一种理论生死的实验，我们把这种实验称为判决性实验。我们只有通过提出问题的方式，才可以揭示一个实验所具有的判决性意义，且只有一个关于这些现象的理论能用这种方式进行审判。对于性质一样的两个物体，分别用摩擦和传热的方式使其达到相同的温度，然后测定它们在温度改变之后的比热，就是一个典型的判决性实验。这个实验大约在150年前由拉姆福德（Rumford）完成，它对于热的物质理论来说是致命一击。

现在，我们将拉姆福德对此进行的相关论述引述如下。

我们经常看到，在日常事务和工作中，人们会通过思考自然界最奇妙的运作，寻求自身发展机会。有时候我们几乎不需要克服什么困难，也不用花费金钱，仅利用一些只供艺术和生产使用的机械，就可以进行非常有意义的哲学实验。

我常常有机会进行这样的观察。我相信，我们需要养成习惯，留心观察日常生活中所发生的一切事情，有时候它们只是偶然发生的。在想象力尽情飞驰时，通过思考日常生活中最普通的事情，我们就能想到一些有价值的问题并尝试对它们进行研究与改进。其效果要比整日花费几个小时苦思冥想好得多。

最近我去了慕尼黑兵工厂，去监督大炮的钻孔工作。我惊讶地发现，铜炮在极短的钻孔过程中，会产生大量的热，而被钻头从炮上钻下来的铜屑更加灼热（我通过实验发现，它比沸水还要热）。

那么在上述的机械动作中，热是从什么地方产生的呢？

它是由钻头在坚实的金属块上钻下来的铜屑提供的吗？

如果真的是这样，那么根据现代潜热和热量的原则，它们的热容量不仅要变，而且要变得足够大，才能够解释所有产生的"热"。

但是这样的变化并没有发生，因为我发现：从同一块金属上用细锯齿锯锯下一块与这种金属屑质量相同的金属薄片，使它们温度相同（沸水温度），然后将其放进盛有相同量且水温相同的冷水容器中，例如为15.3摄氏度（约59.5华氏度）。放金属屑的水看起来并不比放金属片的水热或者冷。

最后，我们来看一下拉姆福德的结论：

> 在思考这个问题时，我们一定不能忘记一个最明显的事实，就是在这些实验中摩擦作为热的来源似乎是取之不尽的。

> 更不必说，任何绝缘体或综合体能无限地连续供给的都不可能是具体的物质。并且，对于任何像这些实验中的热这样能够被激发传播的东西，除了把它认成"运动"以外，我几乎不可能对它产生十分清晰的认识。

这样一来，我们看到旧的理论已经崩塌了，或者说得严谨些，我们意识到物质理论无法适用于热流的问题。就像拉姆福德所指出的那样，我们必须要寻找新的线索。要做到这点，我们暂且不谈热的问题，再回到力学上来。

>> 过山车

让我们研究一下令人兴奋的过山车运动。把一辆小车抬升或开到轨道上的最高点，然后让小车自由运动，在重力的作用下，小车开始朝下滚去，之后它会沿着一条曲线上升或下降，因为小车速度会突然改变，乘客会有惊心动魄的感觉。每一个过山车轨道都有作为出发点的制高点。小车在整个运动过程中，无法再达到出发点的高度。比较全面地描述这一系列运动是非常复杂的。一方面，这是一个力学问题，即随着时间的推移，存在速度和位置的变化。另一方面，存在摩擦和热的问题，因为在轨道和车轮上会产生热。为了应用前文中讨论过的概念，我们把这个物理过程分成这两个方面。这样做了划分之后，我们便看到了一个理想化实验，因为在一个物理过程中，只要存在力学方面的内容，就只能进行假设，无法在现实中完成。

对于这个理想化的实验，我们可以假设，有人能够设法消除始终伴随着运动出现的摩擦力。于是他决定利用这一发明建造一个过山车，当然他得先弄清楚怎么建。他假定小车从距离地面100英尺（约30米）的位置出发，开始不停地向上或向下滚动。通过不断试验和改正错误，不久后他发现自己必须遵循一个简单的规则：他可以完全按照自己的意愿修建轨道，但必须要确保轨道上的任何一点都没有起始点高。如果在运动过程中，小车自始至终都不受摩擦力影响，他可以无数次把轨道建造到最高点的高度，但绝对不能超过这个高度（图1-17）。在实际的轨道上，由于受到摩擦力的影响，小车永远不可能到达起始点的高度。但在该实验中，我们假设工程师并不需要考虑这一点。

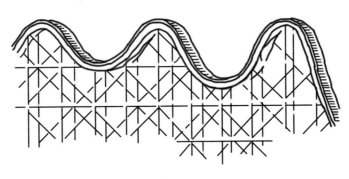

图1-17

接下来我们来研究：在理想状态下，小车从下滑道的出发点开始向下运动的情况。在运动的过程中，小车离地面越来越近，但速度增加了。乍一看，这句话让我们想起语言课中的一句话："我没有铅笔，但你有6个橘子。"可是这句话并不是滑稽可笑的。我没有铅笔跟你有6个橘子之间没有任何联系，但小车与地面间的距离跟它的速度之间存在着切实的关系。如果我们知道在任何一刻它距离地面的高度，就可以计算出它的速度。不过谈到速度的计算时，我们免不了进行定量分析，但最好用数学公式来表示，因此我们在这里不谈这点。

小车置于滑道最高点时，其速度为零，距离地面的高度为100英尺；在轨道最低点时，其距离地面的高度是零，而速度最大。当然我们可以用一些术语进行表述：在最高点时，小车有势能，而没有动能；在最低点时，小车有最大的动能，而没有任何势能；在所有的中间位置上时，小车既有速度又有高度，所以既有动能又有势能。高度越高，势能越大；动能则和速度成正比。力学的原则足以解释这种运动。在数学上有两种描述能量的方式。虽然表述方式可能不同，但是它们描述的总量保持不变。这样我们就可能引入数学上严格的概念，即取决于位置的势能概念和取决于速度的动能概念。当然这两个概念的引用是比较随意的，也只是为了方便而已。这两个量的和保持不变，我们称之为运动常数。动能和势能加起来的全部能量就像一种物质。举例来说，钱在不断地按照固定的汇率从一种货币兑换成另一种时，其总量保持不变，例如从英镑兑换成美元，再从美元兑换成英镑。在实际坐过山车的过程中（图1-18），虽然因为存在摩擦力，小车无法再达到出发点那刻的高度，但动能和势能之间依旧在不断转换。这里它们的总和不是不变化，而是会不断减小。现在我们必须再迈出重要且大胆的一步，把运动的力和热这两方面联系在一起。我们在后面会看到这一步的成果和归纳推广的意义。

现在，除了动能和势能以外，另外一种东西又被牵扯进来了，它就是摩擦时所产生的热。这种热是否跟机械能，也就是动能和势能一起减少呢？一个新的猜想已经摆在我们面前了。如果我们把热量看作能的一种形式，那么也许这三种能，即热能、动能和势能的总和是恒定的；不是热量本身，而是热量和其他形式的能结合起来，才像物质一样不可磨灭。这就像一个人在把美元兑换成英镑时，必须付出一笔法郎作为手续费，但是如果这笔手续费被省下来了，那么在汇率固定的情况下，美元、英镑和法郎的总价值是恒定的。

图1-18

随着科学的不断发展，我们不再把热看作一种物质。我们试图创造一种新的物质，也就是能，而热只是能的形式之一。

≫ 变换率

在不到一百年以前，迈耶（Mayer）做了一个猜想并提出了一个新的线索。这个线索最终引出了热是能的一种形式的观念。焦耳（Joule）后来用实验证实了这个猜想。人们惊奇地发现：几乎所有关于热的本质的基础工作都是由非职业物理学家完成的，他们只是把物理学当作兴趣。这些人中包括多才多艺的苏格兰人布莱克、德国医生迈耶、美国伟大的冒险家拉姆福德（他后来定居欧洲，做了很多事情，其中值得一提的是他成了巴伐利亚的战争部长）。当然还有英国的啤酒酿造师焦耳，他在空闲时间做了几个有关能量守恒的最重要的实验。

焦耳用实验证明了热是能的一种形式，并且确定了变换率。我们现在花点时间来看一下他的实验成果。

一个系统的动能和势能合起来就是它的机械能。在过山车的例子中，我们曾经猜想，有一部分机械能转变成了热能。如果这个猜想正确的话，那么在这个例子以及所有其他类似的物理过程中，这两者之间都应该存在着固定的变换率。严格来说，这是一个定量的问题，但是一定量的机械能可以转变成一定量的热能这个事实是很重要的。我们想知道到底如何用具体的数值来表示变换率，也就是说，从一定数量的机械能当中我们可以得到多少热能。

焦耳进行某项研究的目的就是确定这个数值。他的一个实验装置就像一个带有小锤的钟。给这个钟上发条，两个小锤就会升高，因此这个系统的势能就会增加。如果不再对钟施加任何外部干扰，我们就可以把它当作一个封闭的系统，小锤逐渐下降，钟开始运转起来。一段时间之后，小锤将会落到最低位置，于是钟就停下来了。这个过程中发生了什么呢？小锤的势能转变为装置的动能，并逐渐以热的形式散失了。

焦耳巧妙地改变了这个装置，以便测量出热的损失，进而确定变换率。在他制作的装置中，两个小锤使一个浸在水中的桨轮（图1-19）转动。小锤的势能转变为运动部件的动能，之后动能转变为热，从而使水温上升。焦耳测量了水温的改变，并且根据已知的水的比热算出了水所吸收的热量，他将多次实验的结果总结如下。

1.物体（无论是固体还是液体）摩擦所产生的热量永远与所消耗的力（焦耳所说的力是指能）成正比。

2.产生能够把1磅水（在55华氏度到60华氏度之间的真空条件下称定的）的温度升高1华氏度的热量所需的机械力，也就是能，相当于772磅重的物体从1英尺的高度落下来。

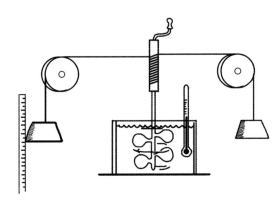

图1-19

换句话说，772磅重的物体在距离地面1英尺时的势能，就等于把1磅水从55华氏度加热到56华氏度所需要的热量。虽然之后的实验结果会比这个实验结果更准确，但本质上说热功当量是焦耳取得的具有开创性的成果。

这个重要的工作完成后，之后的进展就非常迅速了。人们不久后就认识到机械能和热能只不过是能的两种形式而已，除此之外还有很多其他形式。任何可以转变为这两种能中任何一种的东西，也是能的一种形式。太阳辐射也是能，因为其中一部分转化为热，进入了地球。电流也具有能，因为它可以使金属线发热并使电动机转动。煤具有化学能，煤在燃烧时，这种能就被释放出来了。在自然界的所有现象中，一种形式的能转化为另一种形式的能，它们中间的变换率是确定的。在一个不受任何外界影响的封闭系统中，能量是守恒的，因此和物质很相似。在这样的系统中，尽管其中某种形式的能在量上会发生变化，但是各种形式的能的总和是守恒的。如果我们把整个宇宙看作一个封闭的系统，就可以和19世纪的物理学家一道，自豪地宣布宇宙的能是恒定的。它的任何一部分都既不能被创造又不能被消灭。

我们对于物质的认识涉及两个概念，即物质和能。两者都遵循守恒定律：一个封闭系统的质量和能量都是不变的。物质有质量，而能没有。因此，我们有两个不同的概念和两个守恒定律。我们现在还能跟过去一样严肃地对待这些观念吗？随着发展的不断深入，这些早已经令人信服的认知是否发生了改变呢？已经变了！相对论的出现，使这两个概念进一步变化。之后我们还会再谈到这个问题。

≫ 哲学背景

科学研究的结果，往往会促使在某些问题上哲学观点的改变，尽管这些问题远远超过科学领域本身，但科学的目的是什么？试图描述自然的理论应该是什么样子的呢？这些问题，尽管超越了物理学的界限，却与物理学息息相关，因为科学正是产生这些问题的土壤。哲学的归纳推广必须要以科学成果为基础，可是哲学一经确立并被人们广泛接纳以后，往往会影响科学思想的进一步发展，因为它可以指示科学未来应该选择哪一条可能的道路。如果能成功推翻人们已经接受的观点，那么又会有意想不到的全新进展，这将孕育新的哲学观点。当然我们要从物理学史上举出例子对这些观点加以说明，否则它们肯定听起来含糊不清、言之无物。

现在我们来看一下旨在解释科学目的的最初哲学观点。这些观点极大地推动了物理学的发展。一直到差不多100年前，新的证据、事实和理论出现，人们才抛弃了这些哲学观点。这些新的证据、事实和理论成为科学发展的新背景。

在整个科学发展史中，从古希腊哲学到现代物理学，一直有人试图把看上去极为复杂的自然现象归结为几个简单的基本理念和关系。这就是所有自然哲学的基本原理，甚至在原子论者的著作中都有这样的体现。2300年前，德谟克利特（Democritus）写道：

> 依照人们惯常的说法，甜就是甜，苦就是苦，冷就是冷，热就是热，颜色就是颜色。但是实际上，万物的本质是原子和虚空。也就是说，我们习惯于把感官能感受到的东西当作实际存在的，但是事实上它们不是实在的，只有原子和虚空是实在的。

在古代哲学中，这个观念只不过是一个颇为巧妙的猜想而已。古希腊人并不知道与后续事件相关的自然法则。事实上，把理论和实验联系起来的科学是从伽利略时代才真正开始发展的。我们已经沿着这些最初的线索，推导出了运动的定律。经过200年的科学研究，人们认识到在所有尝试理解自然的行动中，力和物质是最基本的概念。我们不能把这两个概念分割开来，因为物质作用于其他物质，产生了力，这证明了它是确实存在的。

我们来考虑一个最简单的例子：两个粒子，彼此之间有力作用着。我们能想到的最简单的力就是引力和斥力。在这两种情况中，力的矢量方向跟两个粒子的连线重合。追寻最简单的情况的话，如图1–20所示，两个粒子彼此吸引或排斥，其他任何关于作用力方向的假设都会使情况复杂得多。我们能否同样做一个关于力的矢量长度的简单假设呢？即使我们不做非常特殊的假设，也可以说：两个给定粒子之间的作用力取决于它们之间的距离，就像万有引力一样。这个假设看上去非常简单。当然我们可以设想更多更复杂的力，例如那些不仅仅取决于距离，还跟粒子的速度相关的力。在把物质与力作为基本概念的前提下，我们能想到的最简单的假设可能就是，力作用的方向跟粒子连线的方向是重合的，同时力只跟粒子间的距离有关。但只用这一类的力是否能描述所有的物理现象呢？

力学在其所有分支学科中所取得的巨大成就，比如在天文学中取得的巨大成功，其理念在那些非力学领域问题上的应用，都让我们确信：所有的自然现象都可以用恒常物体之间的简单作用力来解释。在伽利略时代之后的两个世纪，无论有意还是无意，所有的科学著作都在进行这样的尝试。19世纪中期，亥姆霍兹（Helmholtz）对此进行了十分清晰的阐释：

> 因此，我们最终发现物理学的任务就是：把自然现象都归结为在任何情况下都存在的引力或斥力。这些力的强度只跟距离相关。要想完全了解自然，就必须先解决这个问题（图1-20）。

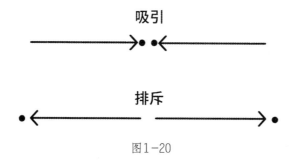

图1-20

因此，亥姆霍兹认为，科学发展的方向已经确定下来了，我们应该严格地沿着这样一条固定的道路前进：

> 一旦我们能够把自然现象都简化为简单的力，并且证明这是简化自然现象的唯一方式，科学的使命就算完成了。

对于20世纪的物理学家来说，这种观点有些乏善可陈且十分幼稚。他们一定无法想象科学研究的伟大征程会迅速结束；他们一定会被这种观点吓坏的：对于宇宙的绝对正确认识就这样被确定下来了，之后就没什么值得兴奋的事了。

即便这些原则能够把一切自然现象简化为简单的力，它们还存在一个问题——力与距离之间的关系是怎样的？对不同的现象来说，这种关系是不同的。从哲学视角来看，为解释不同现象，必须引入多种不同形式的力，这点是无法令人满意的。亥姆霍兹对机械观进行了最清晰的阐释，这在他的时代起了非常重要的作用。受机械观直接影响的最伟大的成就就是物质运动论的发展。

在叙述它的衰落以前，让我们暂时接受19世纪的物理学家所持有的观点，并看一看从他们对外部世界的解读中，我们可以得出什么样的结论。

≫ 物质运动论

我们是否可以用在简单力作用下的粒子运动来解释热现象呢？一个密闭容器里装有一定质量和温度的气体（比如空气），通过加热，我们可以提高气体的温度，从而增加它的能量。但是这种热与运动是什么关系呢？我们接受热和运动有关系的观点，一方面是因为之前我们选择暂时接受的哲学观点，另一方面则是因为热是由运动产生的。如果所有问题都与力学相关的话，那么热必须是机械能。物质运动论的目的就在于用这种方式去表示物质的概念。这种理论认为，气体是由无数个粒子或分子汇集而成的。这些粒子朝着所有方向运动，彼此之间互相碰撞，每次碰撞后都会改变运动方向。粒子的这种运动必然存在一个平均的运动速度，就好像人类社会中存在平均年龄和平均财富值一样，因此粒子的平均动能也必定存在。容器中的热强度越大，粒子的平均动能就越大。根据这种猜想，热不同于机械能，它不是能的一种特殊形式，而只是分子运动的动能。温度确定的话，就会有与之相应的分子的平均动能。事实上，这不是一个随意的假设，如果我们想使物质的机械观保持一致，那我们就得把分子的动能看作气体温度的量度。

　　这个理论不仅仅是一个幻想而已。我们可以看到气体运动理论与实验结果相符，可以帮助我们更加深刻地理解许多事实。这里我们可以用几个例子加以说明。

　　假设我们用一个可拆卸的活塞将一个容器封住。容器中装有一定量的气体，且气体的温度保持不变。如果起初活塞在某个位置处于静止状态，我们可通过减重和施压使得活塞上升或者下降。为了把活塞往下压，我们必须对其施加外力，来抵抗气体的内压力。从运动论角度看，这种内压力的原理是怎样的呢？容器中气体所包含的大量粒子向各个方向运动，它们撞到容器壁与活塞上，然后像小球碰到墙一样弹开。大量粒子在容器内不停地运动，抵抗着作用在活塞与重物上的向下作用的重力，从而使活塞保持在某个高度上。在一个方向上，重力不停地发挥着作用，而在另一个方向上，数量极多的分子在进行着不规则的碰撞。如果想让这两方面取得平衡，所有这些小的不规则的力对活塞产生的净作用必须与重力相等（图1-21）。

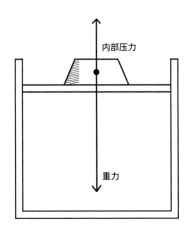

图1-21

　　假使我们把活塞往下压，将气体压缩到小于原来的体积，比如说到原来的

1/2，同时保持温度不变，那么根据物质运动论，会有什么样的情况出现呢？在粒子不断碰撞的情况下，产生的力跟过去相比会更有效还是更无效呢？现在粒子的密度跟之前相比增大了，虽然平均动能没有发生变化，但是粒子会更加频繁地撞击活塞，因此合力可能要大些。在运动论显示的场景（图1-21）我们可以清楚地看到，要想使活塞保持在更低的位置，需要施加更大的力。这个简单实验大家都十分熟悉，但对它的预测是按物质运动论的逻辑推理出来的。

我们再来看一下另一个实验。取两个容器，在里边装入体积相等的不同气体，比如氢气与氮气，并使两者的温度相同。假设我们用同样的活塞把两个容器封住，并确保两个活塞的质量相等。简单地说，这就意味着两个容器内的气体体积、温度与压力均相同。根据运动论，如果温度相同的话，粒子的平均动能也相同。压力相同，则两个活塞所受的力也相同。一般而言，每个粒子带有的能量相同，则两个容器容积也相同。因此，虽然说两种气体在化学上是不同的，**但在每个容器中的分子数必定是相等的**。这个结果对理解许多化学现象都很有帮助。它表明在一定的体积、温度和压力条件下，容器中的分子数是所有气体都有的，而非某一种气体所独有。最让人吃惊的是，运动论不仅仅预测存在这样一个普遍的数，还能帮助我们确定这个数值。我们在不久之后还会再探讨这个问题。

物质运动论可以用定量和定性的方式解释气体定律，就像做实验一样。而且，尽管该理论的最大成就是在气体方面，但它的应用不局限于气体领域。

我们可以通过降温使气体液化。物质温度降低意味着粒子的平均动能会减小。因此，我们可以明显看出，液体内粒子的平均动能比对应的气体内粒子的平均动能小。

所谓的布朗运动第一次详尽展示了液体内的粒子运动。如果没有物质运动论，这种重要的现象依然会是神秘莫测且难以理解的。植物学家布朗（Brown）

首先观察到了这种现象。80年之后，20世纪初这一现象得到了解释。只要有一个显微镜，哪怕不是特别专业的那种，就可以观察到布朗运动。

布朗当时正在研究某些植物的花粉粒子：

花粉粒子或大花粉颗粒的长度在0.004英寸至0.005英寸之间。

之后他谈道：

在观察这些浸在水中的粒子的形式时，我发现很多粒子都在不停地运动……在经过多次重复观察后，我察觉这些运动既不是由液体的流动造成的，又不是由液体逐渐蒸发造成的，而是粒子本身导致了这些运动。

布朗观察到的是：悬浮在水中且可以使用显微镜观测到的粒子在不停运动。这是非常了不起的一幕！

那么观察到这种现象与所选的植物花粉粒子是否相关呢？为了回答这个问题，布朗选用了许多不同种类的植物花粉粒子来重复这个实验。他发现只要粒子足够小，当浸在水中时，就会呈现出这样的运动。他进一步发现，无论是无机物还是有机物的微粒，都会这样不停地无规则运动。他甚至把天蛾碾成粉末来进行实验，同样观察到了这种运动！

该如何解释这种运动呢？它似乎跟过去所有的经验都矛盾。比如说，我们可以每隔30秒观察某一个悬浮着粒子的位置，然后就能确定它不规则的运动路径。不可思议的是，很显然，"永恒"是这种运动的特性。把一个摇摆着的钟摆放到水中，除非我们再对它施加外力，否则它很快就会处于静止状态。这样一种永不减弱的运动，似乎与我们之前的经验都是矛盾的。然而，这个问题也由物质运动论圆满地解决了。

即使用现在最专业的显微镜来观察水，我们也无法像物质运动论描述的那样，观察到水分子和它的运动情况。所以，我们可以得出结论，如果可以把水看作由粒子汇集而成的，那么这些粒子的大小必定不在如今最好显微镜的可观测范围内。不过我们姑且相信这个理论，并假定它对实在的描述是前后一致的。通过显微镜看到的布朗粒子会被更小的、组成水的粒子撞击。如果被撞的粒子足够小的话，就会出现布朗运动。因为从各个方向而来的撞击不相同，也不可能达到均衡，所以碰撞本身是不规则的，具有偶然性。因此，我们能观察到的运动是由观察不到的运动产生的。大粒子的运动在某种程度上反映出了分子的运动，可以说，它把分子运动不断放大，使得我们在显微镜中能够观察到。布朗粒子运动路径的不规则性和随机性说明：构成物质的更小粒子的运动路径也是不规则的。因此，从上述情况中我们可以看到：对布朗运动进行的定量研究，可以深化我们对物质运动论的理解。显而易见，我们能够观察到的布朗运动跟那些不断撞击且不可视分子的大小相关。如果不断撞击的分子没有一定量的能，或者换句话说，没有质量和速度的话，就不会有布朗运动。因此，研究布朗运动，可以帮助我们确定分子的质量，这是显而易见的。

通过理论和实验方面的辛苦研究，运动论的定量特征也就形成了。源自布朗运动现象的线索是确定定量数据的线索之一。从完全不同的线索出发，我们可以用不同的方式得到相同的数据。而我们使用的这些不同方法都指向同一个观点，这是非常重要的，因为它表明物质运动论在本质上是一致的。

我们在这里只会提到一个由实验和理论所得到的定量结果。假设我们有1克最轻的元素，即氢元素，那么在这1克氢元素中存在多少个粒子呢？这个问题的答案不仅可以回答氢元素有多少粒子，还可以使我们了解其他气体的粒子数量，因为我们已经知道在什么条件下，两种不同气体会有相同数量的粒子。

基于这个理论，我们可以测量悬浮在水中的粒子的布朗运动，并根据测量结果，来回答之前的问题。答案是一个令人吃惊的大数值：3后面接了23个数字。1克氢元素中的分子数是：

303 000 000 000 000 000 000 000

假设1克氢元素中的分子都增大到可以透过显微镜观察到的程度，比如说，它的直径达到了0.005英寸，和布朗粒子的直径一样大，那么如果我们想把它们紧实地装在一个箱子里，这个箱子的边长大约得500米长！

我们只要用1除以上面所提到的数值，很容易就能计算出来一个氢分子的质量，答案是一个小得出奇的数：

0.000 000 000 000 000 000 000 0033克

这个数代表一个氢分子的质量。

布朗运动实验只不过是让我们得以确定这个数值的众多独立实验中的一种。这个数值在物理学上意义重大。

在物质运动论以及它所有的成就中，我们看到了一个普遍的哲学理念，即把一切现象都解释为物质粒子间的相互作用。

结语：

在力学中，如果我们已知某一个运动物体现在的状态以及作用在该物体上的力，那么我们可以预测它之后的运动路径，同样也可以知道它之前的运动路径。举个例子，我们可以预测所有行星未来的运动路径——作用在它们之上的力是牛顿提出的万有引力，而万有引力只取决于距离。经典力学的伟大成果表明，我们可以把机械观应用于物理学的任何分支。所有的现象都可以用引力或斥力来解释，而所有这些力都只与距离有关，且作用于不变的粒子之间。

在物质运动论中，我们看到这个最初产生于力学问题的观点，是如何把热现象也包括进来，以及是如何使我们成功理解物质结构的。图1-22所示为显微镜下的布朗粒子。图1-23所示为长曝光拍摄一个布朗粒子表面。图1-24所示为观测一个布朗粒子连续运动位置。图1-25所示为平均计算连续位置得出的运动路径。

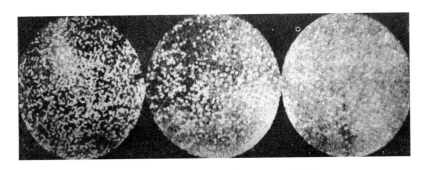

图1-22　［由F. 佩林（F. Perrin)摄］

图1-23　［由布伦伯格（Brumberg)及瓦维洛（Vavilow)摄］

图1-24

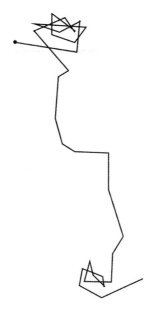

图1-25

机械观的衰落

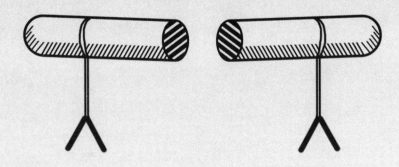

>> 两种电流体

下面几页我们会谈到一份关于几个简单实验的枯燥报告。报告之所以乏味，一方面是因为对一个实验进行描述总是不如做实验本身来得有趣；另一方面是因为在没有谈到理论之前，描述这样的实验没有太大意义。我们旨在提供一个典型案例，说明理论在物理学中发挥的重要作用。

在一块玻璃板上放一根金属棒，金属棒两端用金属线连接到验电器上。什么是验电器呢？验电器的组成非常简单，它主要是由悬挂在金属棒末端的两片金箔所组成的。验电器被附着在一个玻璃烧瓶上，金属棒只跟非金属物体也就是所谓的绝缘体接触。除了验电器和金属棒之外，我们还要准备一根硬橡胶棒和一块法兰绒（图2-1）。

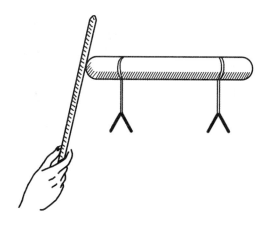

图2-1

　　具体实验步骤如下：首先检查一下两片金箔是否贴合在一起，因为这是它们正常情况下的位置。万一它们没有贴合在一起，就用手指接触一下金属棒，让它们贴合起来。这些最基本的步骤准备完成以后，使劲用法兰绒摩擦橡胶棒，再用橡胶棒触碰金属棒。两片金箔就会马上分开！甚至在移开橡胶棒之后，金箔依然会处于分开状态。

　　接下来我们用同样的器具做另外一个实验。在开始做实验之前，依旧要保证金箔彼此贴合在一起。这次我们不让摩擦后的橡胶棒接触金属棒，而只放在金属棒附近，金箔马上又分开了。但是这次实验有些不同，即当我们移开橡胶棒之后（橡胶棒之前没有碰到金属棒），金箔没有继续分开，而是立即恢复到原来的位置。

　　我们把器具稍微做一下改变，来做第三个实验。这次金属棒是由两部分拼接而成的。我们再次用法兰绒摩擦橡胶棒，之后再把它接近金属棒，同样的现象又出现了，即金箔马上分开了。现在我们先把金属棒的两部分分开，再移开橡胶棒，我们发现，在这种情况下，金箔依然会分开，而不会像在第二个实验中那样恢复原来的位置（图2-2）。

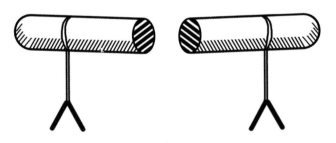

图2-2

　　这些简单甚至有些幼稚的实验很难激发人们的兴趣。在中世纪，做这些实验的人可能已经受到指责了。对我们而言，这些实验似乎枯燥无味且没有逻辑可言。只读一遍上述实验报告，想把它们搞清楚并复述一遍，恐怕我们很难办到。通过一些理论解释，我们就能更好地理解这些实验。甚至我们可以进一步说，这些人绝对不是偶然地做了这些实验，他们在实验之前肯定或多或少地知道这些实验的意义所在。

现在我们来讨论一个非常简单的理论的基本理念，这个理论能够解释上述实验的所有事实。

存在两种电流体，一种叫作正电流体（＋），另一种叫作负电流体（－）。它们跟我们之前谈到的物质的概念有点相似，尽管它们的量既可以增加，又可以减少，但在任何一个封闭系统里，其总量是守恒的。电跟热、物质和能相比，存在一个根本性的差别。世间存在两种电的物质。除非做一些概念化处理，否则我们之前所使用的存钱的类比在这里就行不通了。如果一个物体中的正电流体和负电流体能完全相互抵消，那这个物体就呈现电中性。一个人如果一无所有，一方面可能是因为他真的什么都没有，另一方面可能是因为他存在保险柜里的钱的总数正好等于他负债的数目。我们可以把他账簿中的借项和贷项比作正、负电流体。

这个理论的第二个假设是，性质相同的两种电流体互相排斥，而性质相反的两种电流体互相吸引。我们可以用图2-3来表示。

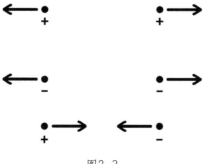

图2-3

　　我们必须再谈到这个理论的一个假设：我们可以把物体分为两类，电流体可以在物体中自由移动的叫作导体；电流体不能在物体中自由移动的叫作绝缘体。就像我们之前遇到的其他例子一样，我们不能过于认真地看待这样的分类，因为理想的导体和理想的绝缘体事实上都是不可能存在的。金属、地面、人体都是导体，尽管它们的传导程度并不一样。玻璃、橡胶、瓷器之类的物体都是绝缘体。已经看过上述实验的人都能看出，空气是不完全的绝缘体。如果静电实验的效果不好，我们往往可以归咎于空气中含有较多水分，因为湿度的增加会增强空气的导电性。

　　这些理论性假定已经足以解释上面的3个实验了。现在我们把这3个实验仍按原来的次序，用电流体理论讨论一番。

　　跟其他任何物体一样，在正常情况下橡胶棒是电中性的。它包含正、负两种电流体，且两者数量相等。用法兰绒摩擦橡胶棒，两种电流体就被分开了。这完全是一种约定俗成的说法，因为这种说法使用了理论创造出来用于描述摩擦过程的术语。摩擦橡胶棒以后，产生的多余的电叫作负电，当然这个名词也是约定俗成的。如果实验中用猫毛摩擦玻璃棒，为了和之前的说法保持一致，这种多余的电被称为正电。现在我们继续进行实验。用橡胶棒接触金属导体，于是电流体就移动到了导体上。这些电流体会自由运动，移动到导体（包括金箔在内）的所有地方。因为负电与负电相遇会相互排斥，所以两片金箔会尽可能地分离开来，也就是我们在上面实验中所观察到的结果。我们要把金属棒放到玻璃或其他绝缘体上，这样的话，只要可以忽略空气的导电率，这些传导过去的电流体就会一直留在导体上。现在我们就明白了为什么在实验开始以前必须要用手接触一下金属棒了。这样做之后，金属棒、人体和地面构成了一个巨大的导体，大部分电流体都会被稀释，这样验电器上的电流体也就不剩什么了。

　　第二个实验开始时跟第一个实验完全一样。只不过这个实验中橡胶棒不再接触金属棒而只是靠近它。导体上的两种电流体都可以自由流动，所以金箔被分开了，一端的两片金箔带正电，而另一端的两片金箔带负电，两端的两片金箔均相互排斥。如果我们移开橡胶棒，它们又会重新贴合在一起，因为不同性质的两种电流体彼此之间相互吸引。

　　第三个实验中，我们把金属棒先分为两部分，然后把橡胶棒移开。在这种情况下，两种电流体不能混在一起了，金箔上保留了一些多余的同一种电流体，所以仍处于分开状态。

　　有了这个简单的理论后，我们似乎就能理解上述所有情况了。除此之外，它还能帮助我们解释静电学领域内的许多其他现象。所有理论的目的都是引导我们发现新的事实，启发我们进行新的实验，而后发现新的现象和定律。下面这个例子就可以清楚解释这一点。我们改变一下第二个实验：在把橡胶棒放到金属棒旁边的同时，用自己的手指去接触金属棒的一端（图2-4），那么会发生什么呢？这个理论告诉我们：现在，金属棒上的负（-）电流体会通过我们的身体逸散，随后金属棒上会只留下正（+）电流体，只有接近橡胶棒那端的验电器上的金箔保持分开。实际上，做一个实验就能证实这种说法。

　　我们正在使用的这个理论当然是很幼稚的，而且从现代物理学的视角来看，这个理论还不够完备，但是它是一个非常好的例子，可以表明任何一种物理学理论的特质。

　　世界上没有永恒不变的科学理论。我们常常发现一个理论所预测的事件会被实验结果推翻。任何一种理论都会经历逐渐发展的阶段和鼎盛期，这个时期过后，它会快速衰落。我们在上文中讨论过的热的物质理论的盛衰便是众多例子中的一个。以后我们还会谈到其他更深刻、更重要的例子。科学上重大进步的出现几乎都是因为旧的理论遇到了危机，人们必须尽力找到解决危机的方法。尽管旧的观念和理论已经过时了，我们也需要仔细地审视它们。只有先搞清楚它们，我们才能了解到新观念和新理论的重要性，以及它们的正确性。

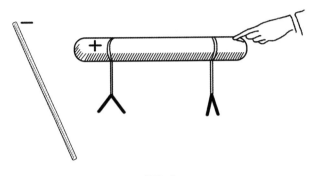

图2-4

在本书的开头，我们曾把科学家比作侦探。侦探在搜寻到必要的线索之后，纯粹依靠自己的思考去寻找正确答案。这个比喻在某一要点上是不够恰当的。因为无论是在现实中还是在侦探小说里面，我们必须先知道有人犯下了罪行，然后侦探才会开始寻找信件、指纹、子弹、枪等，所以说至少侦探已知发生了一桩凶案。对科学家来说，情况就不同了。我们不难想到有些人对电是一无所知的。对于所有古人而言，即使他们完全不了解电，也可以安逸地生活。假设你把金属棒、金箔、玻璃烧瓶、硬橡胶棒、法兰绒等（上述3个实验所需的全部材料）都交给这样的一个人，那么即便他是一个很有文化的人，也可能只会用玻璃烧瓶装酒，用法兰绒来擦除污渍，而从来不会想到要拿这些东西去做我们上面所描述的实验。对侦探来说，犯罪是已知的，问题只在于：究竟是谁杀了知更鸟（Cock Robin）呢？而科学家至少在某些情况下要自己先"犯罪"，然后自己进行观察。此外，科学家不但要解释一种现象，还要解释所有已经发生的现象，以及所有可能会发生的现象。

在引用电流体的概念时，我们就看到了机械观的这些影响，因为它试图用物质和作用在物质之间的简单的力来解释所有事情。为了弄清楚我们是否能用机械观来描述电的相关现象，我们必须考虑下述问题。假设有两个小球，并且都带电荷，也就是说都带有某种多余的电流体。我们知道这两个小球会彼此吸引或者相互排斥。但是这里的力只跟距离有关系吗？如果真是这样，那么具体有什么关系呢？最简单的猜想是：这种力跟距离的关系跟万有引力与距离的关系一样。也就是说，当距离比原来增加3倍时，力的强度会变为原来的1/9。库仑（Coulomb）做了很多实验，证明这个定律确实是可信的。在牛顿发现万有引力定律百年之后，库仑发现电产生的力和距离之间的关系与万有引力和距离之间的关系相似。牛顿定律与库仑定律之间两个显著的区别在于：第一，万有引力是永远存在的，而电产生的力只有在物体携带电荷时才存在；第二，万有引力只是吸引力，而电产生的力既可以是吸引力又可以是排斥力。

这里我们再次遇到了之前讨论热现象时的一个问题。电流体是具有重力的物质吗？换句话说，一块金属在电中性和在带有电荷的情况下，重力是否一样呢？天平称得的结果是一样的，所以我们可以得出结论，电流体也是众多没有重力的物质中的一种。

电理论的进一步发展需要引入两个新的概念。我们还是不用非常严格的定义，而是用一些我们已经熟悉的概念来做类比。我们还记得区分热和温度，对于理解热现象来说是至关重要的。同样，区分电势和电荷也是非常重要的。下述类比可以帮助我们区分这两个概念。

电势——温度

电荷——热

两个导体，比如说两个直径不同的小球，可能带相同的电荷，或者说带相同的过剩电流体，但小球的电势会不同：直径小的球电势较高，直径大的球电势较低。对于直径小的球而言，电流体的密度较高，横截面也会受到更大的压力。鉴于电流体的密度跟互相排斥的力成正比，直径小的球上的电荷比直径大的球上的电荷更倾向于逸散逃离。电荷通过导体逃离出去的趋势就是对电势的直接测量。为了更加清楚地阐明电荷与电势的差别，我们必须在这里花一点笔墨，描述一下受热物体的运动并相应地描述带电导体的运动。

热

两个物体，一开始温度各不相同，在相互接触一段时间后，它们就能达到相同的温度。

如果两个物体的热容量不相同，相同数量的热造成的温度变化是不一样的。

温度计与一个物体接触，通过里面水银柱的高度显示自己的温度，从而也可以测量出物体的温度。

电

两个绝缘导体，一开始电势各不相同，相互接触之后，它们很快就达到相同的电势。

如果两个物体的电容量不相同，那么相同数量的电荷造成的电势变化是不一样的。

验电器与一个导体接触后，可以通过金箔分离的程度显示出自己的电势，进而测量出导体的电势。

但是这样的类比不能过度，通过下述例子，我们就能看到它们的相同与不同之处。使一个热的物体跟一个冷的物体相接触，热会从热的物体流到冷的物体上。同样地，假设有两个导体，它们具有性质相反但是数量相等的电荷——

一个带有正电荷，另一个带有负电荷，这两个导体的电势也各不相同，按照惯例，我们认为带负电荷的电势比带正电荷的电势低。如果我们让这两个导体互相接触，或者用金属线把两个导体连接起来，那么根据电流体理论，两个导体将不带电荷，也就根本不会再有电势的差别了。我们必须想象这样一个画面：在电势差取得平衡的极短时间内，电荷从一个导体"流"向了另外一个导体。但具体是怎样流动的呢？是正的电流体流向带负电的物体，还是负的电流体流向带正电的物体呢？

事实上，仅凭这里提及的材料，我们根本没办法判断这两者之中哪一种是对的。我们可以假设这两个方向都有可能，或者假设同时存在向两个方向的流动。我们知道，在这里我们只沿用了过去的说法，纠结如何选择事实上没有什么意义，因为我们不知道该用什么样的方式做实验来验证这个问题。随着理论的不断发展，最终我们看到了可以解决这个问题的更加深刻的电理论。用简单粗糙的电流体理论来阐释问题的答案是完全没有意义的。在这里，我们采用下面这种简单的表述方式：电流体是从高电势的导体流向低电势的导体的。那么，在刚才所谈到的两个导体中，电流体是从带正电的导体流向带负电的导体的（图2-5）。这种表述完全是一种约定俗成的说法，用在此处是非常不严谨的。这些困难表明，拿热和电做类比绝不可能是完美的。

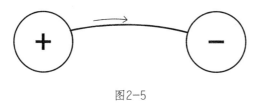

图2-5

我们已经看到，对机械观做一点调整就可用来描述静电学的基本现象。同样，用机械观来描述磁现象也是可能实现的。

>> 磁流体

这里我们遵循上面的方式，首先叙述几个非常简单的现象，再去寻找这些现象背后的理论解释。

假设有两根条形磁铁，将其中的一根以中心为支撑点放在一个架子上，使它能自由转动；另一根磁铁拿在手中。让两根条形磁铁的一端相互靠近，直到能够观察到它们之间产生了强烈的吸引力。这总是可以做到的。如果两根条形磁铁间没有产生互相吸引，就把一根磁铁调一个头，用另外一头试试。只要这两根条形磁铁都具有磁性，就一定会出现相互吸引的现象（图2-6）。磁铁的两端被称为它的**极**。继续这个实验，我们使手中磁铁的磁极沿着另一根磁铁的长度方向向其中心移动，这时候我们发现吸引力逐渐减小；当磁铁位于另外一根磁铁的中心处时，就看不到有什么吸引力了。如果磁极继续朝同一方向移动，我们就能观察到互相排斥的现象。当到达磁铁的另一极时，排斥力达到最大。

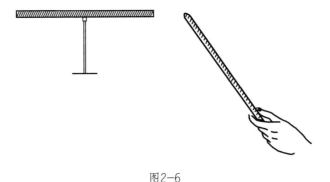

图2-6

上面的实验又引出了另一个实验。每根磁铁都会有两个磁极，难道我们不能把其中的一个磁极分离出来吗？办法似乎很简单，只要把一根磁铁分成相等的两段就可以了。我们已经看到一根磁铁的磁极跟另一根磁铁的中心处之间是没有作用力的。但实际上真把一根磁铁分成两段做实验，其结果是出人意料的。如果我们把分成两段之后的某一段放在支架上，然后重复一遍我们之前做的实验，就会发现其结果竟跟上面的实验结果一模一样。本来没有任何磁力存在的地方，现在变成了一个很强的磁极。

该如何解释这种现象呢？我们已经学过了电流体理论，这里我们可以比照它提出一个电磁理论。这是因为跟静电现象一样，在电磁现象中也存在吸引力和排斥力。假设有两个球形导体，它们拥有相等的电荷，一个是正的，另一个是负的。这里的所谓"相等"指的是绝对值相同，例如+5和-5就有相同的绝对值。假设我们用一种绝缘体，比如玻璃棒，把这两个小球连接起来，如图2-7所示，我们可以用一个从带负电荷的导体指向带正电荷的导体的箭头表示这个物体。我们把这整个物体叫作电偶极子。很明显，这样的两个电偶极子在实验中的表现和第一个实验中的两根磁铁完全一样。假使我们把这个"发明"看作一个真实的磁铁模型，如果存在磁流体，就可以说这一根磁铁是一个磁偶极子，其两端是不同性质的磁流体。利用这个通过模仿电理论得到的简单理论，我们可以比较充分地解释第一个实验。在磁铁一端存在着吸引力，另外一端存在着排斥力，中心处则是处于平衡状态的两种力，它们数量相等但是性质相反。但是该如何解释第二个实验呢？把电偶极子例子中的玻璃棒折断，我们就能得到分开的两极。折断磁偶极子的铁棒照理同样会产生两个分离开的极，但是这与第二个实验的结果是互相矛盾的。鉴于存在这个矛盾，我们不得不引入一个更加准确的理论。放弃之前提及的模型，我们假设磁铁是由大量极小的基本磁偶极子组成的，而这些磁偶极子不会分开成为独立的极。在磁铁中存在一个整体的秩序——所有的基本磁偶极子都朝向同一个方向（图2-8），所以我们现在就知道了为什么把一根磁铁分成两部分之后，新的两端又变成了新的两极，也弄清楚了为什么这个更准确的理论既能解释第一个实验结果，又能解释第二个实验结果。

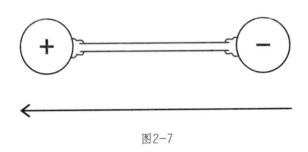

图2-7

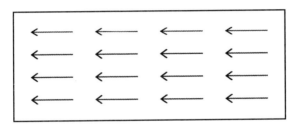

图2-8

对于很多现象而言，我们采用简单的理论就能进行解释，似乎没有必要使理论更加准确。举例来说，我们知道磁铁会吸引铁块。为什么呢？因为在普通的铁块中，两种磁流体是彼此混合在一起的，使磁铁的正极向铁块靠近，就好像"命令磁流体分开"一样，吸引了铁块中负的磁流体，并排斥了正的磁流体。正因如此，我们能看到铁和磁铁之间互相吸引。逐步移开磁铁，磁流体会多多少少恢复到原来的状态。至于究竟恢复到什么程度，要看这些磁流体在多大程度上受到磁铁分开命令的影响。

我们没有必要以定量的方式讨论这个问题。通过使用两根很长的磁铁，我们就可以研究它们的两极在互相接近时产生的吸引力或排斥力。如果磁铁足够长的话，磁铁另一端造成的影响就可以忽略。吸引力或排斥力与两极间的距离有怎样的关系呢？库仑实验给出的答案是：这种关系跟牛顿的万有引力定律和库仑的静电定律中力与距离的关系是一样的。

在这个理论中，我们可以再次看到对普遍哲学观点的应用，即我们倾向于使用只取决于距离，且只在不变的粒子间作用的吸引力和排斥力，来解释所有现象。

我们要在这里提到一件大家非常熟悉的事情（之后我们还会用到它）。地球是一个庞大的磁偶极子。现在我们还根本无法对此做出解释。北极大概相当于地球的负（−）磁极，南极则大概相当于地球的正（＋）磁极。这里的正、负只不过是约定俗成的说法，但一旦固定下来，我们就可以在描述其他任何场合下的磁极时使用这种说法。一根放在垂直轴上的磁针会服从地球磁力的"命令"。磁针的正（＋）极指向北极，也就是说，指向地球的负（−）磁极。

尽管我们能在没有明显冲突的情况下，把机械观应用于电与磁的现象中，但不能因此沾沾自喜或骄傲自满。我们应该看到这个理论中有些部分不能令人满意，甚至可以说让人沮丧。我们不得不"发明"新类型的物质：两种电流体和基本磁偶极子。我们开始察觉到物质实在太多了。

力非常简单，无论是万有引力、电力还是磁力，我们都可以用相似的方法来表述。但是为了进行这样的简化，我们也付出了高昂的代价，即引入了许多无质量的新物质。这些都是我们人为创造出来的概念，并且与基本的物质质量没有什么关系。

≫ 第一个重大困难

现在可以谈一谈我们在应用普遍哲学观点的过程中遇到的第一个重大困难了。以后我们就会看到，这个困难和另一个甚至更加严峻的困难一起，使得我们不再笃信可以用机械观来解释所有现象。

在发现电流之后，作为科学与技术分支的电学才有了巨大发展。在这里我们发现了一些似乎在科学史上产生重大作用的罕见例子。现在有太多版本的青蛙腿抽搐的故事了。无论那些细节到底是真是假，毫无疑问的是，伽伐尼（Galvani）的偶然发现使得伏打（Volta）在18世纪末发明了所谓的伏打电池。虽然这种电池现已没有实用价值了，但是在学校实验和教科书中，我们总是把它用作描述电流来源的一个简单例子。

这个装置的原理非常简单。往几个装满水的玻璃杯中加入少量硫酸，在每个玻璃杯中，均放置两块金属板，一块为铜制的，一块为锌制的，使它们都浸在溶液中。将一个玻璃杯中的铜片与另一个玻璃杯中的锌片依次进行连接，那么只有第一个玻璃杯中的锌片与最后一个玻璃杯中的铜片没有连接起来。如果组件的数目够大，即有足够多的由金属板和玻璃杯组成的电池，那么通过使用较为灵敏的验电器我们就会发现，第一个玻璃杯中的铜片和最后一个玻璃杯中的锌片之间存在着电势差。

如上文所述，用先前介绍的仪器验电器，我们很容易就能测量到一些信息。为了实现这个目的，我们才引入了几个伏打电池组。但在接下来的讨论中，只用一个伏打电池就足够了。我们已经看到铜片的电势比锌片要高，这里所谓的"高"不是比较绝对值，而是比较数值本身，也就是说+2比-2要大些。

假设把一个导体连接到那个空着的铜片上，另一个导体连接到空着的锌片上，则两个导体上都将会带有电荷。前一个带有正电荷，后一个带有负电荷。到现在为止，并未出现什么令人震惊的新现象，之前提到过的关于电势差的知识还可以继续使用。用金属线把两个导体连接起来之后，随着电流体从一个导体流动到另一个导体，电势差会很快消失。这个过程与热的流动最终促使温度相等的现象是非常相似的。但是在伏打电池的例子里，电流体具体是怎么流动的呢？伏打曾在他的实验报告中写道：

> ……（金属板就像导体一样）微弱带电，它们在不停地作用，或者说每次放电之后，都会产生新电荷。总而言之，它们可以提供无穷无尽的电荷，或者说，它们会持续不断地作用于电流体。

这个实验结果的惊人之处在于：即使用金属线把两个带电导体连接起来，铜片和锌片之间存在的电势差并不会消失不见。根据电流体理论，电流体会持续不断地从较高的电势位（铜片）流向较低的电势位（锌片），所以电势差会一直存在。我们姑且试图挽救一下电流体理论，假设一种持续的力不断作用，使电势差重新出现，进而造成电流体的流动。但是如果从能的视角看来，整个现象就非常令人吃惊了。电流通过导线时产生了相当多的热，如果导线比较细的话，甚至会被熔掉。因此，导线中产生了热能。但是整个伏打电池是一个封闭的系统，外部的能量没有办法进来。如果我们不想放弃能量守恒定律的话，就必须找到在什么地方发生了能量转换，以及热是如何产生的。我们不难发现，电池中发生了非常复杂的化学过程。在这个过程中，溶液及浸在其中的铜片和锌片都起到了作用。从能的角度来看，发生了这样的转变：化学能→流动的电流体（即电流）的能→热。一个伏打电池组不可能永续使用下去，与电流体流动息息相关的化学变化在经过一段时间之后，电池就失效了。

人们乍听到下面这个实验肯定会感到非常奇怪，它真正揭露出在应用机械观方面存在的巨大困难。这个实验由奥斯特（Oersted）在大约120年前完成，他写道：

> 这些实验结果似乎已经表明，我们可以用一个伽伐尼装置使磁针位置发生移动。但是只有在伽伐尼电路闭合时才有这种现象，电路断开就不行了。几年前几位非常有名的物理学家仍想在电路断开时做这个实验，但都徒劳无功。

假设有一个伏打电池和一根金属导线，如果只把导线连接到铜片上，而不连接到锌片上，就会存在电势差，但是这时不会有电流。假设我们把这根金属导线弯成一个圈，在它的中心处放一根磁针，并使导线和磁针处在同一平面上（图2-9），只要金属导线不触及锌片，就什么现象都不会发生。因为没有任何力在发生作用，已经存在的电势差也不会对磁针的位置产生任何影响。看上去我们很难理解为什么那些"非常有名的物理学家"（奥斯特这样说）会期待两者之间产生任何影响。

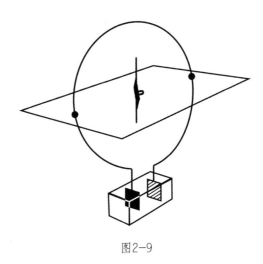

图2-9

现在我们把导线连接到锌片上，立刻就发生了奇怪的现象，磁针偏离了它原来的位置。如果这本书的书页代表导线和磁针所在平面，磁针的两极中有一个磁极现在指向了读者，那么这个结果表明，有一个垂直于平面的力作用在了磁极上。在实验结果面前，我们不得不得出一个结论，即力的作用方向是垂直于平面的。

这个实验非常有意义，一方面它证明了两种看起来似乎完全不同的现象，即磁和电流之间存在一定的关系。此外，该实验还有更为重要的一层意义：存在于磁极和有电流流过的一部分导线之间的作用力，并非与连接金属导线和磁针所成的直线方向相同，跟流动电流体的粒子和基本磁偶极子所成的直线方向也不相同，力是与这些直线相垂直的。按照机械观的理念，我们应该尽量减少所有外部存在的作用力，而这是我们第一次发现跟之前都不一样的一种力。我们记得引力、电力、磁力都是遵循牛顿定律和库仑定律的，即这些力的方向都为两个相互吸引或者相互排斥的物体间的直线方向。

差不多60年前，罗兰（Rowland）做了一个非常精巧的实验，更加凸显了这种困难。在不谈及实验技术细节的前提下，我们把实验大体描述如下：一个带电的小圆球沿着一个圆周轨道快速运动，圆心处放着一个磁针（图2-10）。这个实验本质上跟奥斯特所做的实验是一样的，唯一不同之处在于他使用的不是寻常电流，而是电荷的机械运动。罗兰发现这一实验结果跟电流通过圆形导线时所观察到的结果相同，磁针受到一个垂直力的影响发生了偏转。

现在加速电荷的运动，我们发现，当作用于磁极上的力增加时，磁针从开始位置发生的偏转也更加明显了。这个观察结果带来了另一个难题。力不在磁针跟电荷相连的直线上，而且力的大小与电荷的运动速度有关。整个机械观都建立在此观点之上——一切现象都可以用只跟距离有关而与速度无关的力来解释。罗兰的实验结果动摇了这个观点。当然我们还是可以选择采取保守的态度，仍在旧理念的框架内去寻找答案。

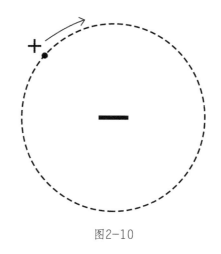

图2-10

在一个理论顺利发展的过程中，像这样的困难，或者一些突然出现且出乎意料的阻碍，经常是难以避免的。有时候我们把旧的理念进行归纳推广，让它们看起来至少暂时可以帮助我们摆脱困境，解决问题。比如在上面的例子中，似乎把过去的观点进行一定的拓展，在基本粒子之间引入一些更加普遍的力就足够了。但是在多数情况下，我们已经没办法再对旧理论进行修修补补，随着困难的不断出现，旧理论最终会崩塌，新的理论会随之兴起。在这里，并不是说单单一个小磁针的运动就打垮了非常成功且令人信服的机械论，事实上，来自另一个完全不同角度的问题重创了机械论。但这是另一个故事了，我们随后再说吧！

>> 光速

在伽利略的《两门新科学的谈话》一书中，我们可以看到他和学生之间关于光速的对话。

萨格雷多（Sagredo）：光速是什么呢？其速度有多快呢？光的运动是即时性的，还是说像其他物体一样也需要时间呢？我们可以用实验来找到问题的答案吗？

辛普利西奥（Simplicio）：根据日常经验，我们发现光的传播是即时性的，因为当我们看见远处开炮时，我们的眼睛可以瞬间看到闪光，不存在任何延迟，但明显在隔了一段时间之后，我们的耳朵才听到开炮的声音。

萨格雷多：辛普利西奥，根据这一点熟悉的经验，我只能够推导出声音传播的速度要比光慢得多。但这不能让我们知道到底光的传播是即时性的，还是需要一点时间（即使其传播速度非常快）……

萨尔维亚蒂（Salviati）：对这些观察以及其他类似观察做出一点总结，我想到了一个可以精确确定光的传播是否为即时性的方法……

萨尔维亚蒂继续解释了他的实验方法。为了搞清楚他的想法，我们假设光速不仅是有限的，而且极慢。这意味着放慢光速，就像电影慢动作一样。甲乙两人都拿着关上的灯，并相距1英里站着，甲先打开他的灯。这两个人提前约定好，乙一看见甲处的光就立刻打开自己的灯。假设这里所说的"慢动作"就是光速为1英里/秒。甲向乙发送一个信号，也就是开灯，乙在1秒钟之后看到了这个信号，随即发出一个信号，甲在自己发出信号之后2秒钟收到乙的信号。如果光速是1英里/秒，而且乙距离甲一英里的话，那么在甲发出信号和接收到乙的信号之间要经过2秒钟。反过来说，如果甲不知道光速，但假设他的同伴完全遵守约定，他要是在自己打开灯2秒钟之后，看到乙的灯也打开了，那么就可以断定光速是1英里/秒。

以伽利略当时的实验技术手段，当然无法以这种方法来确定光速。如果距离是1英里的话，那他必须将时间间隔确定到一秒的十万分之一这个数量级。

伽利略提出了确定光速的问题，却没有解决这个问题。提出问题往往比解决问题更加重要，因为解决问题可能只需要采用一些数学或者实验手段而已。而提出新的问题、新的可能性，或者从新的角度去看待旧问题，都需要创造力和想象力。因此，提出新问题标志着科学的真正进步。我们之所以能够发现惯性原理和能量守恒定律，就是因为能够运用新的独创思维去思考已经熟知的实验和现象。在本书之后的章节中，我们还将看到很多这样的例子，届时我们会特别强调以新视角审视已知事实的重要性，并描述一些新理论。

现在我们再回到测定光速这个比较简单的问题上来吧！很奇怪，伽利略竟然没有想到他的实验如果由一个人单独来完成的话，会更加简单且更加准确。他不必另找一个人站在远处，只要在同一个位置放上一面镜子就足够了。光照射到镜面上之后，就会立刻自动地送回一个信号。

大约在250年之后，斐索（Fizeau）才使用了这个原理，他也是第一个用地面实验来确定光速的人。在斐索之前，罗默（Roemer）就已经采用天文观察的方式确定了光速，但并不精确。

很显然，由于光速数值非常大，要想对其进行测量，我们必须利用一个相当于地球与太阳系中另一行星之间这样大的距离，或者要采用极其精巧的实验手段。罗默使用的就是第一种方式，而斐索选择了第二种方式。在最早的相关实验之后，人们又进行了多次测定。这个用来指代光速的重要数值更加精确了。20世纪，迈克逊（Michelson）为了进一步测定光速，设计了一个极为精巧的仪器。这些实验结果可以非常简单地表述如下：光在真空中传播的速度约为300 000千米/秒。

≫ 作为物质的光

我们还是要从几个实验结果讲起。上文中谈到的数值是光在真空中传播的速度，光在真空中以这种速度传播是不受任何干扰的。把一个玻璃容器中所有的空气都抽干净，我们依旧可以透过玻璃看见东西。尽管光经过真空后再到达我们的眼睛，我们还是可以看到行星、恒星和星云。不论容器中是否存在空气，我们都可以透过它看见东西，这个简单的事实表明在这个例子中有没有空气并不重要。因此，我们在做光学实验时，在一个普通房间内做实验取得的效果，和在真空条件下做实验取得的效果是一样的。

最简单的一个光学事实是：光是沿直线传播的，我们来描述一个能证明这个事实的简单实验。在点光源前放置一块开有小孔的幕布，点光源是一个非常小的光源，就像在一盏灯上开一个小孔一样。光透过幕布上存在的那个小孔，在远处一片漆黑的墙上就会呈现出亮光。图2-11阐明了为何该现象与光的直线传播相关。所有这些现象，甚至包括那些出现光、影和半影的更为复杂的情况，我们都能用光在真空和空气中沿直线传播的假设来解释。

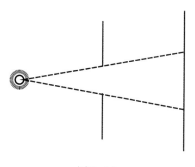

图2-11

　　我们再来看另外一个光穿过物体的例子。一道光束穿过真空，落在玻璃片上，结果会怎样呢？如果这里依旧能够应用光沿直线传播定律的话，那么光束的路径就应该是图2-12中的虚线。但事实并非如此，光束的路线像图中实线一样偏离了，我们把这种现象叫作折射。还有大家非常熟悉的例子，一根棍子的一半浸在水里，看起来就像从中间折断了一样，这也是许多折射现象中的一种。

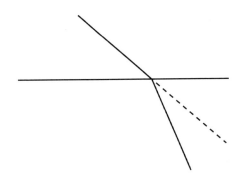

图2-12

　　这些事实，足以让我们想象出怎么去构建一个简单的光的力学理论了。这里，我们试图指出物质、粒子和力的概念是如何进入光学领域内的，并且试图说明最终旧哲学观念是如何被打破的。

　　这里我们所提到的理论仅仅是其最简单、最原始的形式。假设所有发光物体都会发射光的粒子，即光微粒，当它们进入我们眼睛时，就产生了光感。如果需要从力学角度进行解释的话，我们已经非常习惯再引入一种新的物质了，这么做已无须任何犹豫。这些光微粒会以已知的速度在真空中沿直线运动，并把发光体给出的信息传递给我们的眼睛。所有为光的直线传播提供证据的现象都支持光微粒说，因为我们一般都会认为光微粒是这样运动的。这个理论非常简单地解释了光在镜面上的反射，认为这种反射跟图2-13所示的在力学实验中能观察到的弹性球撞到墙上后反弹一样。

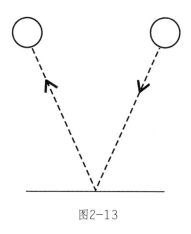

图2-13

解释折射现象会更加困难一些。不谈十分细节的东西，或许我们能用力学的观点来进行解释：光微粒落到玻璃表面时，玻璃中的物质粒子对它们施加了一种奇怪的力——只在最邻近的物质间才发生作用。我们已经知道，任何作用在运动粒子上的力都会使其改变速度。如果作用在光微粒上的力是垂直于玻璃表面的吸力，那么光束新的运动路线将会介于原来的路线与垂直线之间。这种简单的解释似乎暗示了光微粒理论的成功，可想要确定这个理论的有效性及有效范围，我们必须研究更加复杂的新情况。

>> 颜色之谜

天才般的牛顿对自然界中存在多种颜色做出了解释。这里我们引用牛顿记录自己某个实验中的一段话。

　　1666年（当时我正致力于磨制球面玻璃以外的其他形状的光学玻璃），我做了一个三角形的玻璃棱镜，并利用它研究颜色。为了更好地进行研究，我让房间变得非常暗，然后在窗户上打了一个小孔，只让一定量的阳光照射进来。我把棱镜放在光进入房间的地方，使光能够折射到对面的墙上去。第一次看见经由棱镜折射产生的清晰且强烈的不同颜色的光时，我感到非常高兴。

　　太阳照射的光是"白色"的，而经过棱镜折射之后，就呈现出了我们在现实中能够看到的所有颜色。自然界也通过彩虹向我们展示了相同的颜色。很早很早以前，人们就想弄清楚这种现象。《圣经》里的故事说，彩虹是体现上帝与人类签订圣约的符号。当然，从某种意义上说，这也是一种"理论"，但是这个"理论"并不能圆满地解释为什么彩虹会时不时地出现，而且总是跟雨有关系。在牛顿伟大的著作中，首次应用科学的方法对颜色问题发起挑战，并且解释了彩虹现象。

　　彩虹的外圈总是红的，内圈总是紫的，在内圈与外圈之间则排列着所有其他颜色。牛顿对这种现象的解释如下。白光中已经包含了各种颜色。所有颜色混在一起，穿越太空和大气而呈现出白光的样子。白光可以说是由不同颜色的各种光微粒组成的混合体。牛顿在实验中用棱镜把它们分离开了。根据力学理论，折射现象的出现是由于玻璃粒子产生的力作用在了光微粒上。这些力对不同颜色的光微粒所产生的作用各不相同——对紫色光的作用力最大，而对红色光的作用力最小。在光穿过棱镜之后，不同颜色的光微粒就会沿着不同的路线折射，它们就彼此分离了。在彩虹的例子中，雨点扮演了棱镜的作用。

　　现在，光的物质论跟以前相比更加复杂了，因为光的物质不止一种，且每一种从属于不同颜色的光。但如果这个理论存在一定真实性的话，它的结论必须跟观察结果相吻合。

牛顿实验中显示出来的太阳白光中存在的诸多颜色叫作太阳的光谱，或者更确切地说，是太阳的可见光谱。像上述实验那样把白光分解为它的各个组成成分叫作光的色散。假如上面的解释站得住脚的话，我们可以使用另一个棱镜，在调好位置的前提下，让已经分散开的光束再变成白光。这个过程应该正好和前面的相反，这样我们应该能把前面已经分开了的光变成白光了。牛顿用实验证明，我们确实可以无数次通过使用这种简单的方法，用白光的光谱得到白光，当然也可以由白光得到光谱上所有颜色的光。这些实验结果极大地支持了光微粒理论，因为该理论认为：在各种颜色的光束中，均存在一种光微粒，而各种光微粒都是不变的物质。牛顿写道：

> ……这些颜色不是新产生的，只是在经过折射之后它们才显现了出来，因此如果重新把它们全部混合在一起，就又会出现经由折射分开之前的白色。同理，我们看到的许多不同颜色光束混合之后出现的变化并不是真实的，因为只要我们再把这些汇集在一起的不同颜色的光束分开，它们就又会变成混合之前特有的那种颜色了。大家都知道，如果我们十分细致地把蓝色与黄色的粉末混合在一起，肉眼看上去，会呈现绿色。可是作为组成部分的那些光微粒本身的颜色，并没有因此发生实际的变化，它们只是混合在一起罢了。只要我们用一台很好的显微镜进行观察，就会发现：它们还像之前一样，仍旧是蓝色粉末和黄色粉末，只不过互相掺杂在一起罢了。

假设我们已经把光谱当中非常小的一部分分离了出来。也就是说，我们用一块幕布，把白光当中的许多颜色都挡住，只让其中一种颜色通过缝隙。如此一来，通过缝隙的光束便会是一种单色光。这意味着，我们无法再将其分解为几种组成成分的光。这是这个理论的一个结论，我们很容易用实验对其进行验证。这样的单色光，不管我们使用什么方式都不可能再对其进行分解了。有很多种简单的方法可以帮助我们获得单色光光源。例如，钠在炽热发光时散发的就是单色黄光。用单色光进行某些光学实验是非常方便的，因为显而易见，实验的结果会简单得多。

现在让我们假设，突然发生了一件怪异的事——太阳开始只发出某种单色光，比如说黄色光，那么地球上的各种颜色都会立刻消失，所有东西都会变成黄色或黑色的了！这个结论也是我们可以从光的物质论中得出的，因为我们是不能够创造新的颜色的。我们也可以通过实验来证实它的有效性：在一个只有炽热的钠作为光源的房间内，任何东西都是黄色或黑色的。地球上所有的颜色都反映了白光是由各种各样颜色的光组成的。

在这些例子中，光的物质论似乎完全说得通。当然为此我们必须要引入跟颜色数量一致的物质数量，这可能会让我们感到不安，而且所有的光微粒在真空中都具有完全相同的速度的假设似乎也很牵强。

我们可以想象出，存在另一套假设以及另一个性质完全不同的理论，它能够非常圆满地解释所有需要回答的问题。我们马上就会看到另一个理论的兴起，它基于一些完全不同的概念，但是解释的同样是光学现象。在提出新理论的基本假设之前，我们必须回答一个跟这些光学现象毫无关系的问题。我们必须回到力学上来，并提问：波是什么？

≫ 波是什么

一个起源于华盛顿的谣言很快就会传到纽约，尽管没有一个人是刻意传播的，它也会在两个城市之间散布。这里存在着两种不同的运动，一种是谣言由华盛顿传播到纽约的运动，另一种是谣言传播者的运动。风经过农田时，会形成一个波，这个波会穿过整个农田传播出去。在这里，我们必须区别波的运动和每株作物的运动，每株作物只会出现轻微的摆动。我们都曾看到过，把一颗石子扔到水池中，会产生一些波纹，它们会变得越来越大，向更远处传播。波的运动与水的粒子的运动很不一样。粒子只会向上或者向下运动。我们所观察到的波的运动是物质状态的运动，而不是物质本身的运动。漂浮在波上的一个软木塞清晰地阐明了这一点，因为它是模仿着水的实际运动做上下运动的，并不会被波带走。

为了更好地了解波的原理，我们再来考虑一个理想化的实验。假设一个大的空间中非常均匀地充满着水、空气或其他介质。在该空间中心处有一个球。在实验开始之前，不存在任何运动。突然之间，这个球开始有节奏地"呼吸"起来了，它的体积一会儿膨胀，一会儿收缩，不过球的形状始终保持不变。在这种情况下，介质会发生什么呢？我们先从球体开始膨胀的时刻进行思考。这时处于球体周边介质的粒子都受到了向外推的力，所以球体表面那一层圆壳形状的水或空气等介质的密度会增加，超出正常值。同样，当球体开始收缩时，处于球体周边的那一部分介质的密度会相应减小。这些密度的变化会在整个介质内传播。构成介质的粒子只发生极小的振动，但整个运动本身是一个前进的波。这里我们看到了一个非常重要的新情况，即这是我们第一次没有通过物质本身，而是通过能量传播来理解事物运动。

以不断运动的球体为例，我们可以引入两个普遍的物理学概念，它们对描述波的特征至关重要。第一个概念是波传播的速度，其与介质相关，例如在水和空气这两种介质中，波的传播速度就不相同。第二个概念是波长，假设是海或河上的波，那么其波长便是从一个波谷到下一个波谷的距离，或者从一个波峰到下一个波峰的距离。海波的波长比河波的长。在这个由球体不断运动而产生波的情况下，其波长是在一定时间内密度最大或密度最小的两个相邻的球壳形介质之间的距离。显然，波长不仅仅与介质有关，球体运动的频率也会对波长产生很大的影响——球体运动越快，则波长越短；运动越慢，则波长越长。

波的概念在物理学中的应用是极为成功的。它肯定是一个力学概念。波的现象可以简化为粒子运动，根据运动论，粒子是物质的组成元素。因此，一般来说，所有使用"波"这个概念的理论都可以视为力学理论，例如对声学现象的解释就主要依据这个概念。振动的物体，比如声带和琴弦，都会发声，而声波在空气中传播。这和前文提到的球体运动造成了波的传播在原理上是一样的。因此我们可以利用波的概念，将所有声学现象都简化为力学现象（图2-14）。

前文已经强调过，我们必须要把粒子运动和波本身的运动（也就是介质状态的运动）区分开来。这两种运动是极为不同的，不过很明显的是，在不断运动的球体这个例子中，两种运动都是沿着同样的直线进行的。介质的粒子沿着很短的线段运动，密度则随着这种运动呈现周期性增减。波传播的方向与粒子运动的方向是相同的，这类波叫作纵波。但这是唯一存在的一种波吗？为了方便我们之后的观察，我们必须认识到还可能存在另一种不同的波，也就是横波。

让我们稍微改变一下之前的例子。还是关于小球，不过这次把它放在另一类不同的介质中——用胶状介质取代空气或水。而且，这一次小球不再像之前一样运动，而是先朝一个方向微微偏转，随即往相反的方向转回，一直绕着确定的轴，以相同的节奏运动（图2-15）。有胶状物黏在球体表面，这部分黏着物被迫模仿小球的运动，而这些黏着物又迫使在稍远地方的物质模仿其进行运动。这样不停地模仿下去，介质中便出现了波。如果我们还记得介质运动与波

的运动的区别，就会发现这两种运动不是在同一条直线上的。波的传播方向是
球体半径的方向，而介质的运动方向是垂直于这个方向的，因此我们必须引入
横波的概念。

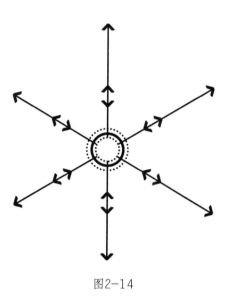

图2-14

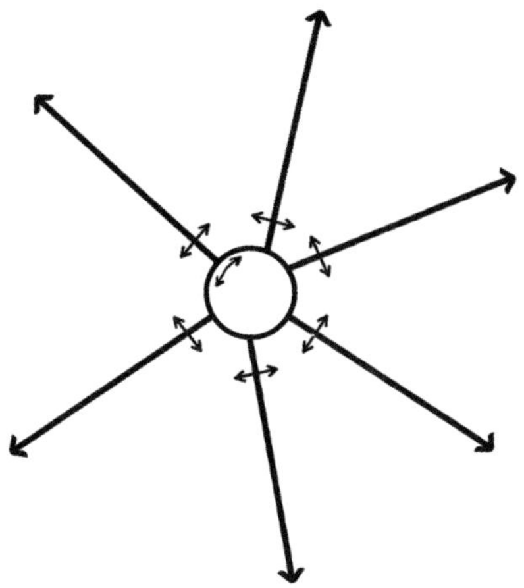

图2-15

在水面上传播的波是横波。一个在水中漂浮着的软木塞只做上下运动，波却沿着水平面传播。另一方面，声波是我们最熟悉的一个纵波的例子。

这里我们还要再提及一点：在同类介质中，由一个震动或转动的球体产生的波是球面波。之所以这样称呼它，是因为在任何时刻，在波源周围的球面上，任何一点的运动都是相同的。我们来看一下介质中距波源很远的球面的一部分（图2-16）。这一部分离得越远，我们得到的面积就越小，它也就越像一个平面。如果要求不十分严格的话，我们可以说，平面的一部分和一个半径非常大的球体的一部分并没有非常明显的区别。我们通常把离波源很远的小部分球面波称为平面波。图2-16中的阴影部分离球心越远，两条半径之间的夹角就会越小，展示平面波也就越准确。跟许多其他物理学概念一样，平面波只是一种假设而已，不可能在绝对准确的前提下实现。但这是一个非常有用的概念，我们之后还会再用到它。

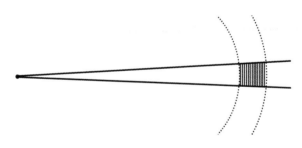

图2-16

» 光的波动说

让我们回忆一下为什么之前在描述光学现象时戛然而止。当时的主要目的在于引入一个与光的微粒说不同的光的理论，它应能同时解释同一领域内的现象。为做到这一点，我们不得不暂停我们的描述，去介绍波的概念。现在我们可以回到之前的问题上了。

与牛顿同时代的惠更斯（Huygens）提出了一个非常不一样的理论。他在自己的光学论文中写道：

> 假设光的传播需要一定的时间——这正是我们现在正要去研究的——那么这种在介质中传播的运动是连续性的，因此和声音的传播一样，它是以球面及波的形式传播的。我之所以把它叫作波，是因为它跟把石子丢到水中激起的水波十分相似，是像圆圈一样，连续地传播出去的。当然产生这两者的原因不同，且水波只在水平面上传播。

惠更斯认为，光是一种波，它是能的转移，而并非物质的转移。我们已然发现光微粒理论能够解释许多观察到的现象，那么光的波动说可以做到这点吗？这里我们必须再问一遍这个问题，来看看光的波动说是否也能很好地回答这些问题。在这里我们采用谈话的方式，谈话的一方是牛顿理论的拥护者，另一方则是惠更斯理论的拥护者。方便起见，我们用字母"N"和"H"分别来指称牛顿理论和惠更斯理论的拥护者。当然两方都不能够使用两位大师去世之后才发展起来的理论。

N：在微粒说中，光速的意义是非常明确的，那就是光微粒在真空中传播的速度。在光的波动说中，它的意义又是什么呢？

H：它自然就是光波的速度。所有人都知道波是以某种确定的速度进行传播的，光波自然也不例外。

N：这可没有讲起来那样简单。声波在空气中传播，海波在水中传播……每一种波的传播都必须通过具体的介质才能实现。光可以通过真空传播，声却不能。假设真空中存在波实际上就等于假设根本没有波。

H：是的，这确实是一个困难，不过对我来说这并不是什么新鲜事。我的老师，也就是惠更斯，已经仔细考虑过这个问题了。他认为唯一的出路便是假定存在一种假想的物质，也就是以太，这是一种充斥于整个宇宙的透明介质。换句话说，整个宇宙是沉浸在以太之中的。只要我们有勇气引入这个概念，其余一切就都能讲通，并且可以理解了。

N：但是我反对这样的假设。首先，物理学中已经有很多物质了，你又引入了一个假设存在的新物质。当然我还有一个反对的理由：毫无疑问，你相信我们必须得用力学的概念解释一切，但如何解释以太呢？你能够回答下面这个简单问题吗？以太是如何由基本粒子组成的？在其他现象中它又发挥了什么作用呢？

H：你的第一个反驳是有理有据的，但是引入似乎有点牵强的无质量以太之后，我们就能立刻放弃更为牵强的光微粒的说法。如果采用我们的说法，那么我们只需要这么一种"神秘的"物质就可以了，而不至于光谱上存在多少种颜色，就要设想出多少种相对应的物质来。难道你不觉得这的的确确是一种进步吗？至少，我们把所有的困难都集中在一点上了。我们不需要再十分牵强地假设：属于不同颜色的粒子都以相同的速度在真空中传播。你的第二个反驳也有道理，我们不能从力学角度出发去解释以太。但毫无疑问，今后对光学现象乃至其他现象的研究也许会揭露以太的结构。目前我们需要做的就是等待新的实验与结论，但是我希望最终我们能够解决以太的力学结构问题。

N：我们暂且不谈这个问题，因为现在根本没办法解决它。即便我们先不去谈那些困难，我想知道你的理论如何去解释那些已经在微粒说的解释下变得浅显易懂的现象，比如说，光线在真空或者空气中是沿直线传播的。把一张纸放在灯的前面，我们会看到墙上出现了一个清晰的、轮廓分明的阴影。假如光的波动说是正确的，怎么可能出现清晰的阴影呢？因为光波会弯曲，绕过纸的边缘，影子应该会变得很模糊。你知道的，在大海中小船无法阻挡海浪，海浪会绕过小船，类似上述原理，小船的影子也不会出现。

H：这并不是一个让人十分信服的论证。比如说河里的短波打在一艘大船上，在船一面出现的波在另一面是看不到的，但是如果波非常小而船非常大，那么就会出现一个清晰的影子。很可能我们觉得光沿直线传播的原因就在于，光的波长相较其他普通的障碍物以及实验中使用的孔径要小得多。如果我们能创造出一个足够小的障碍物，很可能什么影子都不会出现。而要制造一个可以检测光能否被弯曲的仪器，我们可能会在实验方面面临非常大的困难。但是，如果真的能设计出这样一个实验，我们就能够判断光的波动说和微粒说究竟谁是谁非了。

N：光的波动说也许在将来会把我们引向新的事实，但现在没有任何实验数据可以有说服力地证实这个学说。除非真的用实验证明光确实会弯曲，否则我想不出有什么理由不相信微粒说。相比之下，我认为微粒说更加简单，因而更好。

尽管这个讨论还没有结束，但是我们可以暂时把谈话停下来了。

现在光的波动说还没有谈到到底如何解释光的折射和颜色的多样性。而我们知道光的微粒说能够对此进行解释。我们要从折射开始研究，但首先我们要谈到一个与光学毫无关系的例子，它对我们非常有帮助。

假设在一处大空地上，两个人手持一根坚固的棍子在走路（两人各持这根棍子的一端，图2-17）。一开始的时候，他俩以完全相同的速度笔直向前行走。只要两人的速度保持一致，那么不论速度快慢，棍子总是在平行地向前移动，换句话说，棍子的方向不会改变。棍子连续不断地向前移动，在所有位置上都是相互平行的。现在，我们假设在某一极短的时间内，甚至在不到一秒的时间间隔内，两个人走路的速度不同了，那么会出现什么情况呢？很明显，在这一瞬间，棍子会发生转向，因此相对于之前的位置，新的位置不再与之平行了。等两个人的速度再次变得完全一样之后，棍子的方向已经与原来的方向不同了。从图2-17中我们可以清楚地看到这一状况，方向的改变出现在两个手持棍子的人速度不同的那一瞬间。

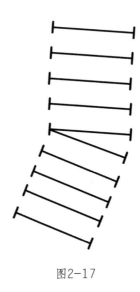

图2-17

通过这个例子，我们能看懂波的折射。如图2-18所示，一个在以太中传播的平面波触碰到了玻璃表面，我们可以看到一个波阵面相对较宽的波正向前传播。波阵面是一个平面，在任何时刻，该平面上各部分以太的运动状态均是相同的。鉴于光速因为传播介质的不同而变化，所有光在玻璃中与在"真空"中的速度并不相同。在波阵面进入玻璃的极短时间内，各个部分的速度也各不相同。很明显，已经到达玻璃内部的那部分会以光在玻璃中传播的速度前进，其余部分则仍以光在以太中的传播速度前进。由于进入玻璃时波阵面各部分的速度不同，故波本身的方向就发生了改变。

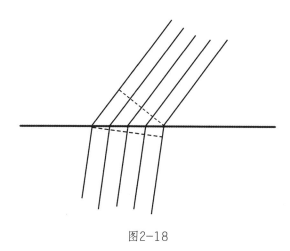

图2-18

由此可见，不仅光的微粒说可以解释折射现象，光的波动说同样能做到。如果我们再深入观察一下，并且用一点数学知识，就会发现光的波动说提供的解释更简单、更好，而且结果与观察完全一致。事实上，如果我们知道光在进入介质时的折射情况，通过使用定量的方式进行推理，就能推算出折射介质中的光速。直接测量的结果也完美地证实了这种推测，因而也证实了光的波动说。

现在还有颜色的问题没有得到解决。

我们必须记住，波的两个主要特征就是它的速度和波长。光的波动说的主要假设是：不同波长分别对应不同的颜色，比如黄色光的波长不同于蓝色光或紫色光。现在我们不用再牵强地把属于不同颜色的光微粒分离开了，根据波长就可以十分自然地把不同颜色的光区分开。

鉴于此，我们可以分别用两种不同的语言来描述牛顿的光的色散实验，即微粒说的语言和波动说的语言。举例如下。

微粒说的语言：

①归属于不同颜色的光微粒在真空中传播速度相同，但在玻璃中速度不

相同；

②白光是由不同颜色的光微粒组成的，但是在光谱中它们被分离开了。

波动说的语言：

①波长不同的光线呈现出不同的颜色，它们在以太中传播速度相同，在玻璃中则不相同；

②白光是由各种不同波长的波所组成的，但是在光谱中它们被分离开了。

现在在描述同一种现象时出现了两种截然不同的理论。为了避免造成混乱，我们最好细致地看一看这两者的优缺点，再决定支持哪一种理论。听过N和H的对话之后，我们知道这并不是什么简单的事情。现在决定支持哪一种理论，更多的是根据自己的兴趣进行选择，而非根据科学证据来做决定。在牛顿时代及后来的一百多年时间中，大多数物理学家都支持光的微粒说。

在那之后很久，到了19世纪中叶，历史终于做出了"判决"，即支持光的波动说，而反对微粒说。在N和H的对话中，N说原则上可以通过实验的方式决定这两个理论到底哪个更好。微粒说不承认光会弯曲，认为一定会出现清晰的影。而另一方面，按照波动说的观点，一个足够小的障碍物不会投下任何影子，杨（Young）和菲涅耳（Fresnel）以实验的方式得出了这个结果，那么自然我们也就得到了理论上的结论。

我们此前已经讨论过一个非常简单的实验，就是把一块上面有小孔的幕布放在点光源前，墙上就会出现光亮。我们再简化一下这个实验，假定光源只发射单色光。为了得到最好的结果，我们必须确保光源足够强，同时设想幕布上的小孔做得非常小。假如我们使用了很强的光源，并且成功地把小孔做到足够小，便会出现一种令人吃惊的新现象，而这种现象以微粒说的观点来看是很难理解的——光亮和黑暗之间的区分不再明显了。图2-19所示为光通过小孔成像。图2-20所示为光通过小障碍物衍射、光通过小孔衍射。

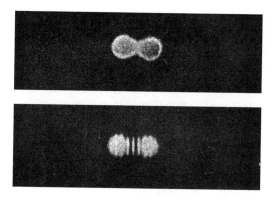

图2-19 ［由V. 阿卡德夫（V. Arkadiev)摄］

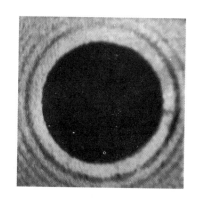
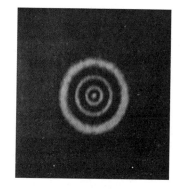

图2-20

　　光变成了一连串的亮环与暗环，逐渐消失在黑暗的背景中。环的出现正
好体现了光的波动说的特点。另外一个实验可以解释清楚亮环和暗环不断交替
的原因。假设有一张黑纸，上面有两个针孔，光可以通过这两个小孔。如果两
个小孔非常接近又非常小，而且单色光的光源非常强，那么墙上就会出现很多
亮带和暗带，它们会逐渐消失在黑暗的背景中。解释这一现象也很容易：对于
暗带，从一个针孔中射出的光波的波谷和从另一个针孔中射出的光波的波峰相
遇，所以两者相互抵消掉了；对于亮带，则是从不同的针孔里射出来的两个光

波的波谷或波峰相遇，所以它们彼此增强了。由于在前一个例子里只有一个小孔，想解释其中存在暗环与亮环相对而言要复杂很多，但使用的原理是一样的。我们要记住光通过两个小孔时呈现出亮带和暗带，通过一个小孔时呈现出暗环和亮环，因为之后我们还要再回来讨论这两种不同的情况。这个实验展现出了光的衍射现象，即把小孔或小障碍物置于光波的前进路线上时，光的直线传播会发生偏移。

在一点数学知识的帮助下，我们可以讨论得更加深入。我们可以求出，要想得到一个特定的衍射样式，需要多大或者说多小的波长。因此，通过我们所描述的实验，我们能测量出作为光源的单色光波长。为了让大家了解一下这个数是多么小，我们可以引入太阳光谱中可见光的两个极端的波长，也就是红光与紫光的波长：红光波长为0.00008厘米，紫光波长为0.00004厘米。

我们没必要吃惊于这些数值如此之小。我们能在自然界中观察到十分清晰的影子，是由于光的直线传播。一般而言，所有的孔径和障碍物比起光的波长，都要大得多。只有用极小的障碍物与孔径，我们才能够看到光的波动特性。

但是寻找一个终极光理论的故事还没有终结，19世纪时的判决并非终审判决。现代物理学家仍然要在微粒说与波动说之间做出取舍，不过现在形势更加深刻且复杂了。在找到波动说本质上存在的问题之前，让我们暂且承认微粒说失败了。

》》**光波是纵波还是横波**

我们在前文谈到的一切光学现象都是支持波动说的。光会弯曲绕过极小的障碍物，以及对折射的解释，都是支持波动说的最有力证据。遵循机械观思想指导的话，我们还需确定以太的力学性质。为了回答这个问题，我们必须要知道以太中的光波是纵波还是横波。换句话说，光是像声音一样传播的吗？光波会因为介质密度变化，使粒子向波传播的方向运动吗？还是说以太是一种像弹性胶状物那样的介质，只能产生横波？它的粒子运动方向跟波的传播方向是垂直的吗？

在解决这个问题之前，我们先看看应该更倾向于哪一个答案。显然，如果光波是纵波，我们真要感到万幸了，因为在这种情况下，设计一种力学的以太非常简单。我们对于以太的理解，大概就与从力学角度理解声波传播过程中的气体相类似。要想理解传播横波的以太就困难多了。设想一种由粒子组成的胶状物介质，使得横波在其中得以传播，着实不是一件容易的事。惠更斯认为以太是"空气状"的，而非"胶状"的，但大自然不会理会我们的局限性。在这件事情上，自然界会向那些试图用机械观来理解所有现象的物理学家施以仁慈吗？为回答这个问题，我们得讨论几个新的实验。

我们在这里只会详细讨论诸多实验中的一个，这个实验能够给我们提供答案。假设我们以一种特殊的方式切割电气石晶体，得到了电气石晶体薄片（在这里我们就不赘述切割方式了）。晶体薄片必须足够薄，才能使光源能够轻易地穿过它。现在我们取两块这样的薄片，把它们放在眼睛与光源之间，会看到什么呢？如果两块薄片足够薄的话，我们还是可以看到一个光点。这样的实验极有可能证实我们的预测。我们不必担心这一情况的出现只是偶然的——假设我们能通过两个晶体薄片看见一个光点，现在通过旋转，改变其中一个晶体薄片的位置（转动时必须确保转轴的位置是固定的，否则这样做就没有意义了）。我们以照射过来的光所定的线为轴，也就是说，除了晶体薄片上转轴经过的那一点位置保持不变以外，其他所有点的位置都发生了变化（图2-21）。一件奇怪的事情发生了！光越来越暗，最后完全消失。而如果我们继续转动晶体薄片，等所有位置的点再次回到初始位置时，最初的景象就又重新出现了。

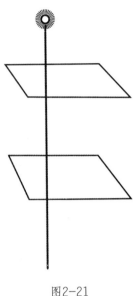

图2-21

　　用不着详细描述这个实验及其他类似实验，我们就可以提出下面的问题：如果光波是纵波，这些现象能够得到解释吗？如果光波是纵波的话，以太粒子会和光束一样沿轴运动。转动晶体薄片，轴线经过薄片的点并没有移动，这个点周围也只是发生了极小的变化。因此，对于纵波来说，绝对不可能出现光消失和显现这样明显的变化。要想解释这个现象以及许多类似的现象，我们就只能假设光波不是纵波，而是横波，换句话说，我们必须假设以太是一种胶状物。

　　这是非常遗憾的，因为如果我们尝试用力学来描述以太，那么必须做好面对极大困难的准备。

>> 以太和机械观

很多物理学家都曾试图搞清作为光传播介质的以太的力学性质，如果在这里一一论述的话，可能要花费很多篇幅。我们已经知道，力学观点认为物质是由粒子构成的。作用在这些粒子上的力与它们之间的连线处于同一条直线上，而且这个力只与距离有关。要想把以太描述成胶状物之类的力学物质，物理学家不得不做出一些十分牵强的假设。这里我们不打算引用这些假设，因为它们早已经被人们遗忘，但是这些假设的结果具有重要意义。所有这些假设在本质上都太过牵强了，以致我们需要引入大量彼此之间毫无关联的假设。这足以让我们不再相信机械观。

除了把以太描述成类似于胶状物的物质十分困难以外，还有其他更简单的反对这种观点的理由。如果我们想用力学观点去解释光学现象，就必须假定以太存在于任何地方。假如光的传播必须依赖介质的话，那么就不可能存在没有介质的真空。

但力学原理告诉我们：星际介质对物体运动没有阻力。比如行星在以太胶状物中的运动没有受到任何阻力，物质介质必然会对物体的运动造成阻力。如果以太不会阻碍物体运动，那就说明以太粒子和物质粒子之间没有相互作用。光在以太中传播，也在玻璃与水中传播，但在后面两种介质中它的速度发生了变化。如何用力学方法解释这些现象呢？显然，我们只能假设以太粒子和物质粒子之间发生了一定的相互作用。刚才我们已经知道，对自由运动的物体来说，必须假设这种相互作用不存在。也就是说，在光学现象中以太与物质之间有相互作用，在力学现象中却什么作用都没有！这个结论显然是自相矛盾的。

似乎只有一个办法可以帮助我们摆脱困境。在直至20世纪的整个科学发展进程中，为了从力学角度出发理解自然现象，我们不得不引入许多人为假设的物质，比如电流体、磁流体、光微粒、以太等。其结果只是把所有困难都集中到了几个重要的点上，光学现象中的以太就是一个例子。在这里，所有想以简单方式描述以太的尝试都失败了，此外还有许多其他反对意见。于是我们觉得，问题似乎出现在根本假设上，即认为可以用机械观解释一切自然现象。科学未能彻底让机械观取信于所有人，现在已经没有任何物理学家相信只用机械观就能解释一切现象了。

在简单地回顾主要物理观念的过程中，我们看到了一些亟待解决的问题，遇到了一些困难和障碍，这让我们不再笃信可以提出一种能够解释外部世界全部现象的单一的观点。在经典力学中，还有一个没人注意到的线索，即引力质量与惯性质量相等。电流体和磁流体这些概念有点牵强，电流与磁针之间相互作用的问题也还没有得到解决。我们还记得，这种力的作用方向跟连接导线与磁极的直线并不在一条直线上。它跟运动着的电荷的速度有关，而描述它方向与数值的定律又十分复杂。当然，最后还有关于以太的重要难题。

现代物理学已经研究并解决了所有这些问题。但是在解决这些问题的过程中，又出现了更深刻的新问题。跟19世纪的物理学家相比，我们知识的广度和深度增加了，但同时我们的疑惑和困难也随之增长。

结语：

在电流体的旧理论以及光的微粒说和波动说中，我们看到物理学家依旧尝试应用机械观去解释这些现象。但是在电学和光学领域内，机械观的应用遇到了极大的困难。

运动着的电荷会对磁针产生作用，但是这种力不再仅与距离有关，还与带电体的速度有关。这种力对磁针而言既不是排斥力又不是吸引力，而是垂直作用于磁针与导线相连接的直线上。

在光学领域中，我们支持光的波动说，反对光的微粒说。波在由粒子组成的介质中传播以及有力学概念上的力作用于二者之间，这样的说法显然源于力学概念。但是光传播的介质到底是什么？它的力学性质又是怎样的呢？在回答这个问题之前，把光学现象归结为力学现象是丝毫没有希望的。但是解决这个问题会遇到很多困难，这使我们不得不放弃它，同时不得不放弃整个机械观。

场，相对论

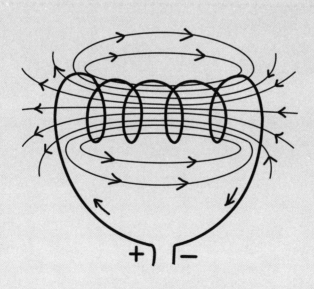

» 场的图示法

在19世纪下半叶，物理学中出现了许多革命性的新理念，完全不同于旧的机械观，它们打开了通向哲学观点的新道路。法拉第（Faraday）、麦克斯韦（Maxwell）与赫兹（Hertz）的研究和实验成果促进了现代物理学的发展，新概念由此诞生。我们对于实在的理解也达到了新高度。

现在我们来讲述一下这些新概念是如何推翻旧科学理念的，我们还将阐明它们如何逐渐变得更加清晰并令人信服。接下来我们会有逻辑地梳理科学的发展（不一定完全按时间顺序进行）。

这些新概念的起源与电现象有关，但是一开始，以力学为出发点引入这些新概念会更加简单。我们已经知道两个粒子之间会相互吸引，而产生的吸引力与距离的平方成反比。我们可以用新的方式呈现这一现象，尽管这样做现在还很难看出会带来什么样的好处。图3-1中的小圆代表一个具有吸引力的物体，比如太阳。事实上我们应该把这个图想象成三维空间中的一个模型，而不是平面图。图3-1中的小圆实际上代表空间中的一个三维圆形物体，例如太阳。把一个作为测试体的物体放在太阳的周围，它就会被太阳吸引，而引力的作用方向就在两个物体中心点相连的直线上。图3-1上所画的线就表示太阳对位于不同位置的测试体的力的方向，每根线上的箭头表明这个力是朝着太阳的，换句话说，这种力是吸引力。这些线就是**引力场的力线**。现在看起来这不过是一个名词罢了，也看不出有什么特别的理由去重视它。这幅图有一个特点，之后我们将会强调。力线是在没有任何物质的空间中形成的。目前，所有的力线（或者简单地说，场）只能显示当测试体处于构成场的圆球附近时会有什么表现。

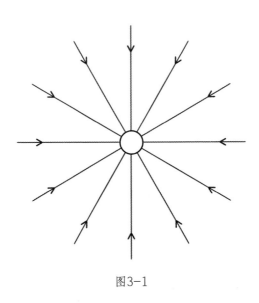

图3-1

　　空间模型中的力线始终垂直于圆球的表面。因为这些力线是从一个点散发出去的，所以离圆球越近的地方力线越密集，越远的地方越稀疏。如果我们把到球体的距离增加至原来的2倍或3倍，那么在我们的立体模型中（当然该图中未显示），力线的密度会减小为原来的1/4或1/9。因此力线有两个作用，一方面，它们可以表示当一个物体进入太阳球体的周围时，作用在该物体上力的方向；另一方面，空间力线的密集程度可以表明力是如何随距离远近发生变化的。正确解读场的图例，我们会发现它可以表示引力方向及引力与距离的关系。通过看这样一幅图，我们可以像读文字版引力定律，或者读准确、简短的数学语言一样，解读引力定律。场的图示法看上去似乎非常清楚且有趣，但是现在我们也没有什么理由相信它意味着物理学的真正进步。在引力的例子中我们很难看出它的有效性。一些人可能觉得，通过这些线去想象真正的力的运动，把这些线设想成真实的力，而不是一幅画，可能会对我们有所帮助。这样的设想是可行的，但同时必须要假设沿着这些线的作用力的传播速度是无限大的。根据牛顿定律，两个物体间的力只跟距离有关，时间并不是一个考虑对象。力从一个物体传到另一个物体是不需要时间的！但是，理智的人都不太可能相信速度无限大的运动，因此要让我们画的这幅图的作用超过模型是不现实的。

我们现在并不想讨论引力问题，只想先做一个铺垫。为此，我们简化了对电学理论的类似解释。

现在我们先来讨论一个实验，它用机械观解释会存在很大的困难。假设让电流通过一个由金属线组成的环形线路，在其中央位置放上一个磁针。电流通过的瞬间，出现了一种新的力，这种力作用在磁极上，并垂直于金属线和磁极所连接而成的直线。如果这个力是由绕线路运动的电荷产生的，那么根据罗兰的实验，我们发现这个力与电荷的运动速度有关。这些实验结果与下面这个哲学观点相矛盾：任何力的作用线与粒子间的连接线相重合，并且只取决于距离因素。

要想准确地描述出电流作用于磁极的力绝非易事，事实上这也确实比描述引力要复杂得多。我们可以像在引力的例子当中，对这样的力进行一定的视觉化描述。我们的问题是：电流是以什么样的力作用于它附近磁极的呢？用文字去描述这种力是非常困难的，用数学公式表达也一定会十分复杂且奇怪。描述我们已知的这种作用力的最好方式就是图示法，或者说建立一个带有力线的空间模型。但是磁极总是跟另外一个磁极一起存在的，它们一起构成一个磁偶极子，这对我们来说会造成一些困难。但我们可以设想一根足够长的磁针，这样只考虑作用在与电流相距很近的磁极上的力就可以了。而另一磁极距离太远了，所以我们忽略作用于它的力。为避免混淆，我们假设靠近金属导线的磁极是正的。

我们可以从图3-2中看到作用在正磁极上的力的特征。

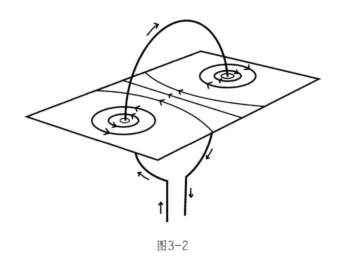

图3-2

首先，金属导线边上的箭头表示电流的方向，也就是从高电势流向低电势的方向。其他所有的线都是这个电流所产生的力线，它们都处在同一平面上。假如图画得十分严谨的话，我们可以从中看出作用于正磁极的电流的力的矢量，以及矢量的长度。我们都明白力是一个矢量，要想确定它，就必须知道它的方向和长度。当然，这里我们主要讨论的是作用在磁极上的力的方向。我们的问题在于：怎样从图中找到空间中任意一点处力的方向呢？

跟之前的例子相比，想在这样的一个模型中看出某个力的方向是很困难的，因为这里的力线不再是原本的直线了。在图3-3中，我们只画了一条力线，以极大地简化这个过程。如图3-3所示，力的矢量位于力线的切线上。力的矢量的箭头和力线上的箭头均指向相同的方向，因此这就是在这一点时作用在磁极上的力的方向。一幅好图，或者说一个好的模型，可以告诉我们任何一点上力的矢量长度。在力线密集的地方，也就是靠近金属导线的地方，矢量长度会较长；而在力线稀疏，也就是远离金属导线的地方，矢量长度会较短。

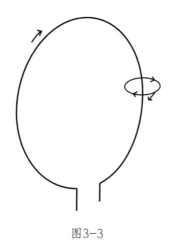

图3-3

　　通过使用这种方法——力线或者说场的方法，我们能够确定空间中任意一点上作用于磁极的力。目前来看，这是我们精心打造"场"这个概念的唯一正当理由。知道了场表示的内容之后，我们应该更有兴趣考察与电流相对应的力线了。力线环绕着金属导线，它们所处的平面垂直于导线所在的位置。从图3-3中看出力的特点之后，我们再次得出以下结论，即力的作用方向垂直于金属导线与磁极连接而成的任何直线，因为圆的切线始终垂直于半径。我们可以把关于作用力的全部知识总结到场的构成中。我们把场的概念放到电流与磁极的概念之间，这样就可以轻松地把这些作用力表示出来。

　　任何电流都有与之对应的磁场，换句话说，如果导线上有电流通过的话，那么靠近的磁极上总是会受到一种力的作用。顺便提一句，基于电流的这种特性，我们可以制造出探测电流的灵敏仪器。我们已知如何从电流场模型中看出磁力的特性，这样我们便能画出电流流经的导体周围的场，并用它表示空间中任意一点上磁力的作用。第一个例子就是所谓的螺线管。如图3-4所示，螺线管就是一卷金属导线。我们旨在通过实验掌握所有关于与通过螺线管的电流相关磁场的知识，并把它们应用到场的构图中。研究结果如图3-4所示：弯曲的磁力线是闭合的，它们就像电流的磁场一样，环绕着螺线管。

条形磁铁的磁场，也可以用与电流磁场相同的方法来表示。如图3-5所示，力线从正极指向负极。力的矢量跟力线的切线重合，而且离磁极越近，长度越长，因为这些地方力线越密集。力的矢量代表的是条形磁铁对正磁极的作用。在这个例子里，场的"源"是条形磁铁，而非电流。

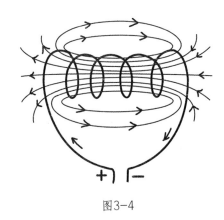

图3-4

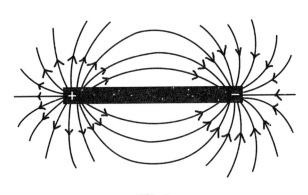

图3-5

我们应该认真地对图3-4和图3-5进行比较，图3-4显示的是通过螺线管的电流的磁场，而图3-5中画的是条形磁铁的磁场。我们先不区分螺线管和条形磁铁，只观察它们所产生的两个场，就会发现它们的性质是完全相同的。在这两个例子中，力线都从螺线管或条形磁铁的一端指向另一端。

这里我们看到了场的图示法的第一个作用。如果不画出力场的话，我们其实很难看出流经螺线管的电流和条形磁铁之间存在任何相似之处。

现在我们会对场的概念进行更加严格的检查。我们很快就会知道这个问题的答案：场是否只是一种作用力的全新图示法？我们可以这样解释。暂且假设场能够以一种独特的方式呈现出所有由"源"决定的作用力，当然这只是假设，如此一来，如果螺线管与条形磁铁的场是相同的，它们产生的作用力也一定相同。也就是说，两个带电螺线管会跟两根磁铁一样。像磁铁的例子一样，螺线管相互靠近也会产生互相吸引或排斥的现象，而且吸引力或排斥力与距离有关。这也意味着一个螺线管和一根条形磁铁之间也会像两根磁铁一样产生吸引力或者排斥力。简单地说，通电螺线管的作用和相应的磁铁的作用是一样的，因为这些作用都是源于场的存在。在这两个例子中，两个场的性质是一样的。总之，实验完全证实了我们的猜想！

如果没有场的概念的话，要想发现这些事实就非常困难了。对作用于通电的金属导线与磁极之间的力进行描述是非常繁复的。如果是两个螺线管的话，我们必须研究两个电流间的互相作用力。但在场的帮助下，当我们看到螺线管的场和磁铁的场的相似之处时，就能立刻意识到所有作用力的性质了。

现在我们有理由更重视场了。似乎在描述现象时，只有场的性质是至关重要的，而场源不同是无关紧要的。在指导我们发现新实验结果的过程中，场的概念愈发显示出其重要性。

场已经被证明是一个非常有用的概念。起初它的引入只是被当作存在于"源"和磁针之间的某种东西，以描述两者间的作用力。人们一开始把它视为电流的"代理人"，电流的所有作用力都要通过它来实现。现在场还具备翻译的功能，它把定律翻译成简单、清晰、易懂的语言。

场的描述取得的第一个成功意味着，通过场进行"翻译"，间接地观察电流、磁铁和电荷的所有作用变得十分方便。我们可以认为场始终跟电流保持着密切的关系，无论我们是否用磁极去检测，它都始终存在。接下来我们还会沿着这个新线索继续深入。

我们可以用与描述引力场、电流场或磁铁场相同的方式来引入带电导体的场。这里出现了一个简单的例子。为了画出一个带正电球体的场，我们必须提问：当我们把一个带有正电的小测试体放在场源，也就是带电球体周边时，它会受到什么样的力的作用呢？我们选择采用一个带有正电而非带有负电的测试体。这只是习惯上的做法，它也只是用于确定力线的箭头应该朝向哪一个方向而已（图3-6）。因为库仑定律与牛顿定律间存在相似之处，所以这个模型跟前面我们提及的引力场的模型也有相似之处。两个模型唯一的不同点在于箭头方向是相反的。两个正电荷相互排斥，两个物体则相互吸引。但是一个带负电的球体的场会跟引力场一模一样（图3-7），因为带正电的小测试体会受场源的吸引。

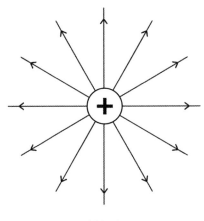

图3-6

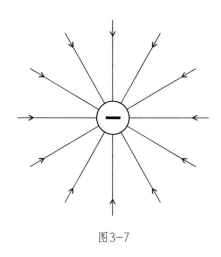

图3-7

　　假设电极与磁极都处于静止状态，那么它们之间就没有任何力的作用，既不会相互吸引，又不会相互排斥。如果用场的语言来表述的话，我们可以说：一个静电的场不会影响到一个静磁的场，反之亦然。"静场"是指不随时间变化的场。如果不存在外力干扰的话，磁铁与带电体可置于相近位置，并且永远保持静止状态。静电场、静磁场和引力场的性质均不相同。它们不会混合在一起，不论其他场如何，都会永远各自保持各自的特性。

　　现在回到带电球体上来，直到现在它一直处于静止状态。假设现在由于受某种外力的作用，球体开始运动。带电球体运动了，如果我们用场的语言来表述，就是：带电体的场随时间变化而变化。但是根据罗兰的实验，我们已知带电球体的运动等于电流的运动，每处电流相应地都存在一处磁场。因此我们论证的过程如下：

　　带电体的运动→电场的变化

　　↓

　　电流→相应的磁场

　　因此，我们断定：**带电体运动导致的电场变化始终伴随着一个磁场。**

我们的结论是以奥斯特的实验为基础的，但是这一结论囊括的内容远不止于此。借此，我们认识到随时间变化的电场与相应磁场之间的关联对我们的进一步论证至关重要。

带电体在处于静止状态时，只存在静电场。但是只要带电体开始运动，磁场就马上出现了。当然还不止于此，我们可以说如果带电体带电能力越强，或运动速度越快，带电体运动所产生的磁场也就越强。这也是罗兰实验得到的一个结果。用场的语言来表述，就是：电场变化越快，相应的磁场便越强。

我们已经试着把曾经熟悉的基于机械观建立起来的电流体学说转变成场的新理论。后面我们就会看到，这种新语言是多么清晰、具有启发意义且影响深远！

≫ 场论的两大支柱

一个电场的变化永远伴随着一个磁。如果我们把"电"与"磁"换一下，这句话就变成了：一个磁场的变化永远伴随着一个电场。只有实验才能证明这种说法是否正确。但是，使用了场的语言后，我们才形成了提出这个问题的想法。

一百多年以前，法拉第完成了一个实验，这导致了感应电流的伟大发现。

想展示这个实验是很简单的，只需要一个螺线管或者其他电路、一根条形磁铁和任何一种可以检验电流是否存在的仪器。首先，在一个构成闭合电路的螺线管附近放一块磁铁，并使其保持静止状态（图3-8）。因为没有接通电源，所以导线中没有电流通过，只存在一个不随时间变化的磁铁的静磁场。现在我们马上改变磁铁的位置，把它移开一些，或者让它离螺线管近一点。这时候，我们会发现导线内立刻有电流出现，随即又消失了。无论何时，只要磁铁位置发生变化，电流就会随即出现一次。我们只需用比较灵敏的仪器就能检测到这种电流。但是从场论视角看，电流意味着存在着一个电场，它促使电流体在导线中流动。当磁铁再次处于静止状态时，电流便消失了，随之电场也消失了。

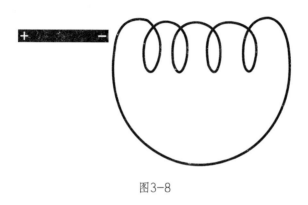

图3-8

假设现在我们不知道场的理论，还是用机械观定性和定量地描述这些实验结果，那么我们对实验的描述如下：一个磁偶极子的运动产生了一种新的力，而这种力促使导线中的电流体流动。这样又引出了另外一个问题：这种力跟什么相关呢？这个问题很难回答。我们必须研究这种力与磁铁速度间的关系、与磁铁形状间的关系以及与线圈形状间的关系。而且如果用机械观语言来描述的话，我们从这个实验中无法看出另一通电电路的运动（而非磁铁的运动）是否可以产生感应电流。

相比之下，如果我们使用场的理论，并相信力的作用是由场决定的，那么结果就完全不一样了。我们马上就可以观察到有电流流经的螺线管所起的作用与磁铁相同。图3-9中画出了两个螺线管，其中较小的那个上面有电流通过，从而使人们可从较大的那个上面检测出感应电流的存在。跟之前移动磁铁一样，当我们选择移动小的螺线管，较大的螺线管中便会产生感应电流。当然，除了移动小的螺线管之外，我们也可以通过创造和消除电流的方式（连接和断开电路）来创造和消除磁场。我们再次看到，由场论推出的新论据可以被实验证实！

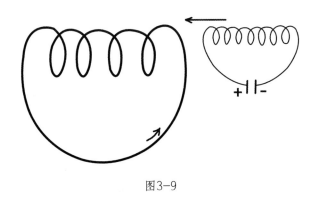

图3-9

我们来举一个简单点儿的例子。取一个没有任何电源的闭合电路，它的附近存在一个磁场。对我们而言，磁场源是另一个通电电路还是一个磁铁，不会影响实验结果。图3-10中所画的就是闭合电路和磁力线。用场的语言来定量、定性地描述感应现象是非常简单的。如图3-10所示，有些磁力线穿过了金属导线围成的圆圈表面。我们必须考察导线圈围住的那部分平面的磁力线。只要场不发生变化，那么即使场强度再高，也不会产生电流。但是只要通过导线圈的磁力线数发生变化，导线圈中就会立刻出现电流。决定是否产生电流的是通过这个面的磁力线数目的变化，至于变化的原因是什么并不重要。要想定性、定量地描述感应电流，磁力线数目的变化是唯一重要的概念。"磁力线数目的变化"意味着磁力线分布密度的变化，我们记得，这也意味着场的强度的变化。

以下是我们推断过程中至关重要的几点：磁场的变化→感应电流的产生→带电体的运动→电场的存在。

因此，**一个变化着的磁场总是伴随着一个电场**。

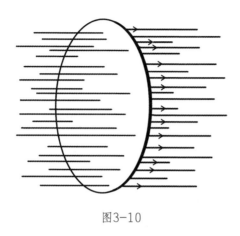

图3-10

这样，我们找到了电场和磁场理论两个最重要的支柱。第一个支柱可以从奥斯特的磁针偏转实验中得到：处于变化之中的电场与磁场相关。同时，这引出了以下结论：**变化着的电场总是伴随着磁场**。

第二个支柱是处于变化中的磁场跟感应电流间存在关联。这是我们从法拉第的实验中得出的结论。以上两个支柱就是我们进行定量描述的依据所在。

伴随着磁场变化的电场似乎也是真实存在的。我们之前说过，无论有没有检测磁极，电流的磁场都一直存在。同样，我们也必须说无论有没有用闭合导线来检测是否存在感应电流，电场也都一直存在。

实际上，我们谈到这两个支柱可以合二为一，也就是基于奥斯特实验得出的结论。根据能量守恒定律，我们就能据奥斯特实验结果推导出法拉第的实验结果。而采用双支柱这样的说法只是为了更加清晰、省力。

我们还应该提到一个对场进行描述后产生的结果。拿一个通电电路来说，一块伏打电池为电源，如果我们突然断开导线与电源之间的连接，自然马上就不会再有电流了！但在电流中断的这一瞬间，出现了一个复杂的进程（场论可预测其发生）。在电流中断前，导线周围存在着磁场，但从电流中断的那一刻起，这个磁场就不复存在了。因此，切断电流后，磁场也会消失，通过导线所包围的表面的磁力线数目迅速发生了变化。无论这种变化是如何产生的，它的出现一定会导致感应电流的出现。重点在于，导致感应电流产生的磁场变化幅度越大，感应电流就越强。该结果是对场论的又一检验。电流突然中断，必然会伴随着强烈而短暂的感应电流的出现。实验再次证实了这个理论的预测。任何人把电流切断都肯定会注意到火花的出现，这揭示了磁场迅速变化产生的极强电势差。

当然，我们也可以从另一个视角，也就是能的视角去看待这个进程。磁场消失了，但是出现了火花。这个火花代表能，所以磁场也一定代表能。为了应用场的概念和它的表述并使之不冲突，我们必须将磁场作为储存能的地方。只有这样，我们才能根据能量守恒定律对磁和电的现象进行描述。

一开始的时候，场只是一个有用的模型，后来逐渐变得更真实了。它帮助我们理解旧现象并且引导我们认识新现象。把能归结为场是物理学发展过程中的一大进步——场的概念显得愈发重要，与之相比，机械观中最重要的物质的概念则越来越不重要。

≫ 场的实在性

麦克斯韦方程组从数学角度定量地总结了场的定律。上文中讲述的现象促进了麦克斯韦方程组的建立，囊括的内容要比我们提到的丰富得多。它虽然形式简单，但隐藏着十分深刻的内容，只有进行仔细的研究才能看到。

这些方程的提出是自牛顿时代以来物理学史上最重要的事件。它们不仅有极为丰富的内涵，还形成了一种新定律的范式。

麦克斯韦方程组的特点也体现在现代物理学的所有其他方程式中，我们可以用一句话来概括这种特点，即麦克斯韦方程组是描述场的结构的定律。

为什么麦克斯韦方程组在形式上和特质上都跟经典力学方程不同呢？我们说这些方程是在描述场的结构，是什么意思呢？我们如何从奥斯特和法拉第的实验结果出发，得出一种新型的定律，并使其在物理学未来的发展中发挥至关重要的作用呢？

从奥斯特的实验当中，我们已经看到磁力线如何环绕着处于变化中的电场闭合起来。从法拉第的实验中，我们又看到电场线环绕着处于变化中的磁场闭合起来。为了能简要地描述麦克斯韦理论的某些特点，我们暂时把注意力集中在法拉第的实验上。现在再回顾一下处于变化中的磁场引发电流的图。已知穿过导线圈的磁力线数目发生变化，就会产生感应电流，因此当磁场发生变化，或电路变形、被移开时，都会有电流产生。也就是说，只要磁力线数目发生变化，就会产生电流，至于是什么原因则无关紧要。如果我们现在把所有的可能性都考虑进来，并研究它们各自产生的影响，那么我们所得出来的理论肯定会极为复杂。该如何简化这个问题呢？我们试着抛弃涉及电路形状、长度及导线圈表面等各方面的因素，可以设想一下，逐渐缩小图3-10中的线圈，使之最后成为一个只包含空间中一点的极小线圈。这样，我们就可以排除任何与形状和大小相关的因素了。在一个闭合电路逐渐缩成一点后，我们自然就不用再考虑线圈的大小和形状了，这样我们就找到了一条定律，它可以把任意时空中任意一点的磁场与电场的变化联系起来。

这是得出麦克斯韦方程组过程中的重要一步。当然它也是一个理想化的实验，因为我们把法拉第实验中的线圈设想为仅包括空间中的一点。

实际上我们应该把它称作半步，而不是一整步。到目前为止，我们的注意力一直停留在法拉第的实验上，我们也必须得用同样的方式认真考察基于奥斯特实验结果的场论的另一个支柱。在这个实验中，磁力线绕着电流闭合。将这些呈圆形的磁力线缩成一点之后，剩下的半步也就完成了。而将这两个半步结合之后，我们便找到了任意时空中任意一点处磁场与电场变化之间的关系。

当然，还要有一个非常重要的步骤：根据法拉第的实验，我们必须得用导线检测电场是否存在，就像在奥斯特的实验中，我们必须用磁极或磁针来检测磁场是否存在一样。麦克斯韦新的理论观念超越了这些实验现象。在麦克斯韦的理论中，电场和磁场（或者把二者合称为电磁场）都是实际存在的。一个处于变化中的磁场总会产生电场，这是一个独立的过程，跟是否用一根导线去检测电场是否存在无关。同理，一个处于变化中的电场也总会产生磁场，这也跟是否用磁极去检测磁场无关。

在得出麦克斯韦方程组的过程中有两个非常重要的步骤。第一，在奥斯特和罗兰的实验中，必须认为围绕电流的圆形磁力线以及变化的电场缩成了一点；在法拉第实验中，电场围绕处于改变中的磁场的闭合力线必须要缩成一点。第二，须把场看成实际存在的东西，一旦电磁场出现了，就肯定会按照麦克斯韦定律存在、作用和变化。

麦克斯韦方程组描述了电磁场的结构。对这些定律而言，整个空间都是可供描述的对象。而力学定律认为，只有存在物质或者电荷的点才能成为描述对象。

我们记得在力学中，只要知道某一时刻粒子的位置和速度，同时知道作用于它的力，那么我们就可以预测这个粒子之后的运动路径。在麦克斯韦的理论中，通过场在某一时刻的状态，我们可以根据这个理论的方程组推导出整个场在时空中即将发生的变化。麦克斯韦方程组可帮助我们了解场的来历，就像力学方程能够使我们了解物质粒子的来历一样。

但是力学定律和麦克斯韦定律之间存在一个很重要的不同之处。对比牛顿的引力定律和麦克斯韦的场定律，我们不难发现这些方程的特质。

根据牛顿定律，我们可以利用太阳和地球之间的相互作用力推导出地球的运动。牛顿定律把地球运动与遥远的太阳的作用联系到了一起。地球和太阳虽然相距很远，但是都参与了力的作用。

但在麦克斯韦的理论中，不存在这样非常具体的参与者。这个理论的数学方程描述了电磁场的定律。跟牛顿定律不同，它们不用于描述两个相隔极远的事件，也无法把此处发生的事情与他处的条件联系起来。现在此处的场只取决于最邻近的以及刚刚过去的场。如果我们知道现在此处正在发生什么，那么通过这些方程就能预测在空间上稍远处以及在时间上稍晚时会发生什么。它们能促使我们通过一些小步骤，增加对场的了解。把这些小步骤叠加之后，我们可以依据远处发生的事件推导出此处发生的事件。牛顿的理论则刚好相反，它只允许把距离较远的事件联系起来的大步骤。我们可以根据麦克斯韦的理论重新得出奥斯特和法拉第的实验结果，但要通过叠加小步骤的办法才能实现，而每一个小步骤都需遵循麦克斯韦方程组。

从数学角度，我们能更全面地研究麦克斯韦方程组，会发现一些出乎意料的新结论，这也会使整个理论接受更高水平上的考验，因为这些理论结果已经有了定量的特点，是由一系列的逻辑论证推导出来的。

我们再来设想一个理想实验：对一个带有电荷的小球施加某种外力，促使它像钟摆一样快速且有规律地摆动起来。基于已知的关于场的变化的知识，我们应该怎么用场的理论描述这里所发生的一切事情呢？

带电体的运动产生了一个处于变化中的电场，并始终伴随着一个不断变化的磁场。如果我们把一根形成闭合电路的金属导线放在附近，同样地，当磁场不断变化时，电路中的电流也会随即改变。这些话无非是在重复已知的事实，但通过研究麦克斯韦方程组，我们能更深入地了解摆动的带电体问题。对麦克斯韦方程组进行数学推导，我们可以发现一个运动的带电体周围的场的性质、它在源的近处和远处的结构以及它随时间发生的变化。这种推导得出的结果就是电磁波。它能从运动的带电体上辐射出去，并以某一确定的速度穿过空间。而能的转移、运动的状态，是一切波动现象的特点。

事实上我们已经研究过几种不同的波了。其中包括小球有规律跳动时产生的纵波，它的密度变化由介质传播。此外，还有一种胶状介质，横波就是在这种介质中传播的。小球的转动导致接触球面的胶状物发生形变，而这种形变通过介质向外传播。但是现在在电磁波的例子中，究竟哪一类变化在进行传播呢？正是电磁场的变化！电场的每一次变化都会产生磁场，磁场的每一次变化又会产生电场，就这样不停地一直变化下去。因为场代表能，所以这些变化会以某一确定的速度在空间中传播，进而形成一个波。用理论推导的话，我们会看到这些磁力线与电场线都垂直于传播方向所在的平面，所以形成了横波。从奥斯特和法拉第实验中形成的对于场的特性的初步认识被保留至今，我们现在认识到它实际上具有更加深远的意义。

电磁波可以在空间中传播，这又是由麦克斯韦理论得出的结果之一。如果振动着的带电体突然停止运动，它的场就会变成静电场。但是带电体振动过程中所产生的一系列波仍在继续传播。这些波独立存在，我们可以像之前研究物质运动轨迹一样，研究这些波变化的过程。

我们知道我们对于电磁波的了解，即它会以一定的速度在空间中传播并随时间的变化而变化，完全是从麦克斯韦方程组中推导而来的，因为这些方程可以用于描述电磁场在任意时空中的结构。

此外，还有另一个非常重要的问题：电磁波在真空中的传播速度是多少呢？在麦克斯韦的理论中，在一些十分简单但与波的实际传播毫无关系的实验提供的数据的支持下，我们得出了一个明确的答案：**电磁波的传播速度等于光速**。

奥斯特和法拉第的实验为麦克斯韦定律的形成奠定了基础。我们目前所得到的全部结果，都是通过仔细研究用场语言描述的定律得来的。从理论上发现电磁波的传播速度等于光速，是科学史上最伟大的成就之一。

实验证实了理论上的预测。50年前，赫兹第一次证明了电磁波的存在，并用实验证明了它的传播速度等于光速。今天，数以万计的人们都证明了电磁波可以被发送和接收。他们使用的仪器比赫兹当年所用的要复杂得多，不同于只有在离源几米的地方才能感受到波的存在，现在波在几千千米外就可以被发现。

≫ 场和以太

电磁波是横波，以光速在真空中进行传播。光与电磁波传播速度相等，这表明光的现象与电磁现象之间存在着非常密切的关系。

之前必须要在光的微粒说与波动说之间二选一时，我们选择了支持光的波动说。光的衍射现象为我们做出这一决定提供了最有力的证据。如果假设光波是一种电磁波，我们就会发现该假设与任何光学现象上的解释都不冲突；相反，它还可以帮我们得出一些其他结论。如果果真如此，从麦克斯韦理论中推导出来的物质的光学和电学特性之间应该存在着某种联系。事实上，我们也确实可以推导出这样的结论，并且可以经得起实验的考证。这是促使我们支持光的电磁说的至关重要的证据。

我们应该把这个伟大成果归功于场论。同一个理论覆盖了两个表面上看起来毫无关系的科学分支。麦克斯韦方程组既可以用于描述电磁感应现象，又可以用于描述光的折射现象。如果我们的目的是想用一个理论来描述已经发生或可能会发生的一切现象，光学与电学的结合毫无疑问向这个目标迈出了重要一步。从物理学的视角来看，普通电磁波与光波的唯一区别是波长不同：光波的波长较短，用眼睛就能观测到；而普通电磁波的波长较长，需要用无线电接收器才能检测到。

旧的机械观一直试图把自然界所有的现象简化为物质粒子之间相互作用的力。电流体理论就是建立在这个基础上的第一个简单理论。19世纪初期的物理学家是不会接受场的存在的，因为在他们看来，只有物质及其变化才是真实存在的。他们只想利用与两个带电体直接相关的概念来描述这两个带电体间的作用。

场这个概念刚开始不过是作为一种工具出现的，它可以帮助我们从力学角度理解一些现象。而在关于场的全新描述中，它关注的并非带电体本身，而是带电体之间的场。这对我们理解带电体之间的作用力是至关重要的。人们对于这种新概念的认可度稳步上升着，直到后来，场已经掩盖了物质概念的光辉。于是人们意识到物理学中发生了极其重要的事情——一种新的实体产生了，一种不被机械观所接纳的新概念产生了。经历一番周折之后，场的概念慢慢地在物理学中发挥了领导作用，至今依旧是几个基本物理概念之一。对现代物理学家而言，电磁场跟人们所坐的椅子一样，是实际存在的。

但是，如果我们因此认为新的场论已经可以使科学完全摆脱错误的旧电流体理论，或者认为新理论磨灭了旧理论的成就，那就有失公正了。新理论同时指出了旧理论的优点和它的局限性，同时使得我们在一个更高的理论水平上重拾这些旧概念。这不论是电对于流体及场的理论，还是任何看起来具有革命性意义的物理学说变化而言，都是如此。举个例子，现在我们仍然可以从麦克斯韦的理论中找到带电体的概念，只不过这里是把带电体看作电场的源。库仑定律仍然没有失效，而是被包含在了麦克斯韦方程组中，我们由这些方程式依然能推导出库仑定律。事实上，它也是这些方程推导得到的诸多结果之一。只要我们所研究的现象仍在旧理论的有效范围内，那我们就还可以继续应用旧理论。但是我们同时也可以选择使用新理论，因为其有效范围包括了所有我们已知的事实。

打个比方，创立一种新理论与毁掉一个旧仓库后在那里建起一座摩天大楼不同，它更像是在爬山，越往上走，越能看到更加广阔的新视野，并且能够不断发现我们的出发点与周围环境之间存在的此前难以想象的联系。我们的出发点还是在那里，依旧可以看到，只不过变得更小了。在我们勇往直前的过程中，需要克服种种阻碍，到最后，出发点就变成了我们广阔视野中一个极小的组成部分。

事实上，我们花了很长时间才认识到麦克斯韦理论的全部内容。最初，大家都以为最后至少能借助以太，用力学方法来解释场。在我们认识到场论的内容之后，就明白这种预测是不可能实现的。场论的成就实在太过显著和太过重要，用它来交换一个力学的信条实在非常不值。另一方面，设想一个以太的力学模型变得越来越没有意义，只要看看那些假设虚假和牵强的本质，人们就愈发感到沮丧。

现在唯一的出路，似乎就是认定空间的某种物理特性使得电磁波能够进行传播，而不用细细考虑这个想法有何真正意义。我们依旧可以使用"以太"这个词，但它只表示空间的某种物理性质。在科学发展的过程中，"以太"的含义已经改变了多次，目前它的含义已经不再是一种由微粒组成的介质了。当然，有关它的故事还没有结束，之后我们还要用相对论继续讲有关以太的故事。

≫ 力学框架

故事讲到这个阶段，我们必须要回到最开始的地方，也就是伽利略的惯性定律。我们再次把它引用如下：

任何物体都要保持匀速直线运动或静止状态，直到外力迫使它改变运动状态为止。

在理解了惯性的含义之后，人们猜想是否可以对惯性定律做更多解读。虽然说这个问题已经得到了非常全面的讨论，但绝对可以继续讨论下去。

假设有一个非常严谨的物理学家，他笃信可以通过实际的实验证实或者推翻惯性定律。他在水平的桌面上放置一个小球，并对其施加一个推力，同时尽可能去减小摩擦力。他发现随着桌面与圆球越来越平滑，运动越来越均匀。就在他正要宣布惯性定律得到证实时，有人突然跟他开了一个玩笑。这个物理学家身处一个没有任何窗户且跟外界没有任何联系的房子里，做恶作剧的人安装了某种装置，使得整个房子绕着穿过其中心的一根轴快速旋转。只要房子开始旋转，这个物理学家立刻会发现出乎意料的新现象。原来一直在做匀速直线运动的小球，现在尽可能地远离房子的中心，向房子的墙壁靠近。他自己也感到存在一种奇怪的力把他向墙的方向推去。他此刻的这种体验就跟身处正在急转弯的火车或汽车中的人的感受一样，甚至更像坐旋转木马的感觉。他过去观察所得的成果都被推翻了。

如果这个物理学家想要抛弃惯性定律的话，那他同时不得不放弃所有的力学定律。惯性定律是他研究的出发点，如果连这个出发点都改变了，那么自然他的所有结论都会随之改变。如果一个观察者一辈子都待在这样一个在不停旋转的房间内，并在里面进行各种实验，那么他会得到和我们截然不同的物理学定律。另外一种情况是，如果他在进入这个房间之前，就已经非常了解并笃信我们的物理学原理，那么在这种明显无法适用力学定律的情况下，他会做出假设，因为房子在不停转动。甚至通过一些力学实验，他可以确定房子是怎样转动的。

　　为什么我们会对这个身处旋转房间中的观察者这么感兴趣呢？道理很简单，因为在某种程度上，我们也处于同样的情况下——地球也在旋转。自哥白尼（Copernicus）时代以来，我们就知道地球绕着自身的轴进行旋转，并围绕太阳运行。即使这样人尽皆知的简单概念，在科学的发展过程中，也并不是从来都没有受到过质疑。但我们暂且抛开这个问题，选择接受哥白尼的观点。如果那个身处旋转房间的观察者不能证实力学定律，那么同理我们在地球上也会无法证实。但相对而言，地球转动得很慢，所以没有带来明显的影响。可还是有很多实验结果都跟力学定律间存在一些偏差，我们可以把这些始终存在的偏差看作地球转动的证明。

　　可惜我们不能飞到太阳和地球之间，在验证惯性定律绝对有效性的同时观察一下转动着的地球。目前，这些我们都只能想想而已，因为全部实验都只能在我们所居住的地球上进行。用更加科学的说法来表示，就是：**地球是我们的坐标系（Co-ordinate system）**。

　　为了让大家更加清楚地搞懂这句话的意思，我们不妨来举一个简单的例子。从塔顶扔下一块石头，我们能够预测这块石头在任意时刻的位置，并且能通过观察来验证我们的预测。把一根测量杆放在塔边，我们就能预测在某个时刻，下落的石头会到达杆上某个数的高度。当然，塔和测量杆都不是用橡胶或者其他在做实验时可能会发生变化的物质制成的。事实上，我们在做实验时所需要的不过是一根与地球紧密贴合且不会变化的测量杆和一座不错的钟。有了这两样东西，我们就完全不用考虑塔的建筑形式是怎样的，甚至没有塔也可以。上面所提到的种种假设都有点琐碎，一般而言，在描述这类实验时我们不会提到，但是这种分析显示了我们的每一句话后面都隐藏有许多假设。在这个例子中，我们假设存在一根坚硬的测量杆和一座理想状态下的钟。如果没有这两样东西的话，我们根本不可能验证伽利略的自由落体定律是否有效。有了这两样简单但必要的物理学设备———一根测量杆和一座钟，我们就能在一定程度上准确地证实这个力学定律。如果做得足够仔细的话，通过这个实验，我们会发现理论和实验结果之间存在一些差别，这种差别是由地球转动产生的。换句话说，我们在这里所使用的力学定律，放到跟地球严密贴合的坐标系中并不是完全有效的。

在所有的力学实验中，不论其具体形式如何，我们必须确定质点在某一特定时刻的位置，就像在上述实验中我们要确定下落物体的位置一样。但是位置的概念总是相对一些事物而言的。就像在上述实验中，下落物体的位置是相对于塔与测量杆而言的。我们必须得有一些所谓的参考系，这是用来确定物体位置的力学框架。假设要确定城市中某些物和人的位置，那么大街和小巷就是我们的参考框架。到目前为止，我们在引用力学定律时都没有想过要描述所参考的框架，因为我们居住在地球上，在任何情况下，选择一个与地球严密贴合的参考框架并不困难。我们把所有的观察都与一个由严格不变的物质形成的框架相联结，并把这个框架称为坐标系（可简称为"CS"）。

我们的所有物理描述都并不完整。我们没有注意到所有的观察都必须在一定的坐标系中进行。我们并没有去描述这个坐标系的结构，相反完全忽视了它的存在。例如，之前我们写道："一个物体在做匀速直线运动……"现在我们其实应该这样写："一个物体在某一给定的坐标系内做匀速直线运动……"旋转房间的例子告诉我们，力学实验的结果可能取决于我们所选定的坐标系。

假如两个坐标系相对而言处于旋转状态下，那么一套力学定律不可能在两者中都有效。如果把一个游泳池里的水面看成这两个坐标系中的一个，虽然它是平面的，但在另一个坐标系中，同一个游泳池的水面会变成弯曲的，就像有人用小勺搅动杯子里的咖啡形成的水面一样。

之前我们在谈论力学的主要线索时，忽略了很重要的一点，就是我们没有指出它们在哪一个坐标系中是有效的。鉴于这个原因，经典力学就像飘浮在半空中一样，因为我们不知道该把它放在哪一个坐标系中。我们暂时不去管这个困难，先做一个稍微有点问题的假设，即在所有与地球严密联系的坐标系中，经典力学定律全都有效。这样做的目的是把坐标系确定下来，使我们的叙述更加具体。地球是一个合适的参考系这种说法虽然并不完全正确，但是我们姑且先接受这个假设。

因此，我们假定存在一个可以让所有力学定律都有效的坐标系。这样的坐标系只有一个吗？假设我们的坐标系是相对地球来说处于运动状态的一列火车、一艘船或者一架飞机，那么对于这些新的坐标系而言，力学定律都是有效的吗？很显然，它们不会是一直有效的，比如在火车转弯时，船因为风暴而颠簸时，飞机剧烈旋转并下坠时，力学定律就不再有效了。我们从一个简单的例子入手。假设存在一个"好的"坐标系，即力学定律在其中都是有效的，相对于这个坐标系，另一个坐标系在做匀速直线运动。比如说在理想状态下，一列火车或者一艘船，平滑地沿着一条直线在以不变的速度行驶。依据日常经验，我们都知道这两个坐标系都是"好的"，因为在做匀速直线运动的火车或轮船上所做的实验结果和在地面上做的是完全一样的。但是如果火车突然停止，突然加速，或者海面巨浪滔天，就会发生异常情况。在火车上，行李箱会从行李架上掉下来；在船上，桌子和椅子都会被掀翻，乘客会晕船。从物理学的视角来看，这只能表明力学定律不能被应用在这些坐标系中，也就是说，它们是"坏的"坐标系。

我们可以用所谓的伽利略相对性原理来描述这个结果：**如果力学定律在一个坐标系中是有效的，那么它在任何相对于这个坐标系做匀速直线运动的坐标系中也是有效的**。

如果有两个坐标系，彼此之间做非匀速直线运动，那么力学定律不可能在两个坐标系中都有效。我们把那些力学定律在其中有效的"好的"坐标系称为惯性系。但这样的惯性系是否存在，事实上至今也没有定论。但是如果这样的惯性系真的存在，那么就会同时存在无数个这样的惯性系，因为相对于第一个惯性系做匀速直线运动的坐标系都会成为惯性系。

接下来我们来看这样一个例子：有两个坐标系从一个已知点出发，以同样的速度相对做匀速直线运动。假如有人觉得更加具体化一点会更好的话，那么可以把这两个坐标系设想为一艘船或者一列火车相对于地面在运动。对于地面和在地面上做匀速直线运动的火车或者轮船而言，我们可以以实验的方式证实力学定律的有效性，并能达到相同的准确度。但是如果两个系统的观察者分别从他们自己的坐标系视角出发，对同一事件的观察结果进行讨论，就会出现一些困难。每个人都想把别人的观察结果转变成自己的语言。再举一个简单的例子：我们从两个坐标系（地球和相对地球做匀速直线运动的一列火车）出发观察同一个质点的运动。这两个坐标系都是惯性系。假设我们已知两个坐标系在某个时刻的相对速度与相对位置，那么如果我们知道了其中一个坐标系中的观察结果，是否就能求出另一个坐标系中的观察结果呢？对于描述自然现象而言，既然已经知道了这两个坐标系都同样适用于描述自然现象，那么真正重要的就是了解如何从一个坐标系过渡到另一个坐标系。事实上，知道了其中一个坐标系中观察者观测的结果，我们就可以推知另一个坐标系中的观察者观测到了什么。

我们现在不假设船或火车，而是用更抽象的方式思考这个问题。简单起见，我们只研究直线运动。假设有一根不会变形的测量杆和一座好的时钟。在简单的直线运动中，这根坚硬的测量杆代表一个坐标系，就像伽利略实验中塔上的标尺一样。在直线运动的情形下，我们可以把一个坐标系想象为一根坚硬的杆；而在空间任意运动的情形下，我们把一个坐标系想象为一个由互相平行和互相垂直的杆组成的坚硬的框架会比较简单，也会更好些。我们不用去管塔、墙、街道等其他具体的东西。在这里取最简单的场景：假设有两个坐标系，也就是有两根坚硬的杆，我们把其中一根杆放在另一根的上面，分别把它们称作"上坐标系"和"下坐标系"。我们假设这两个坐标系相对而言以一定的速度运动，其中一根杆沿着另一根滑动。再假定两根杆的长度是无限的，只有起点而没有终点。这两个坐标系只用一个钟就够了，因为两个坐标系中的时间流动是一样的。我们刚开始观察时，两根杆的起点是重合的。这个时候，一个质点的位置在两个坐标系中可以用同一个数来表示。这个质点的位置跟杆上的某一个刻度重合，这样我们就得到了该质点所在位置的数值。但是如果两根杆相对做匀速直线运动，在一段时间之后（比如1秒钟之后），与质点位置相对应的数值就会发生变化。设想一个静止在上面杆上的质点，在上坐标系中确定它位置的数值不会随着时间变化而改变，但是在下面杆上的相应数值是随时间变化而改变的（图3-11）。我们一般不说"对应质点位置的数值"，而是简单地说成**质点的坐标**。虽然后面这个表达听起来有些深奥，但是它是正确的且表达的意思非常简单。质点在下坐标系中的坐标，等于它在上坐标系中的坐标加上坐标系的起点在下坐标系中的坐标。重要的是，如果我们知道质点在其中一个坐标系中的位置，就能够得到它在另一个坐标系中的位置。为了达到这个目的，我们必须要知道在任意时刻这两个坐标系的相对位置。这些听起来都十分简单，只是因为我们在之后还会再用到它们，才像这样详细地进行了讨论。

我们要注意到：确定一个质点的位置和确定一个事件的时间是不一样的。每一个观察者都有他自己的坐标系，但是所有的坐标系都是共用一座钟的。时间有点像是一个绝对的概念，对于所有坐标系中的观察者而言，时间都是以同样的方式流逝的。

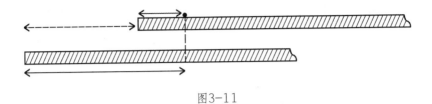

图3-11

现在我们再来看一个例子。假设在一艘大船的甲板上，有人以3英里/小时的速度在散步。这是他相对于船的速度，或者换句话说，是他相对于跟船紧密相关的这个坐标系的速度。如果船相对于岸的速度是30英里/小时，而人与船都在匀速直线运动，且方向相同，那么这个散步的人，相对于岸上的观察者而言，其速度是33英里/小时（图3-12），他相对于船的速度为3英里/小时。当然我们可以用更加抽象的方式来描述这个现象：一个移动质点相对于下坐标系的速度，等于它相对于上坐标系的速度，加上或者减去（取决于移动物体的速度方向相同还是相反）上坐标系相对于下坐标系的速度。因此，如果我们已知两个坐标系的相对速度，就能把其中某一个坐标系的位置甚至速度进行转变，代入另一个坐标系中。位置（坐标）及速度这些量在不同的坐标系中有可能是不相同的，但是都会以某种确定的方式联系在一起，这就是我们所说的**转换定律**。

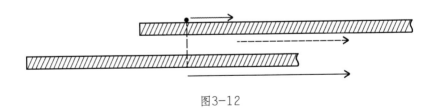

图3-12

有些量在两个坐标系中是相同的，所以对它们而言转换定律并不适用。例如，我们在上坐标系中选定两点，并确定它们之间的距离，这个距离就等于两点之间的坐标差。为了确定这两点在下坐标系中的位置，我们不得不使用转换定律。但在图3-13中，我们可以十分明显地看到，这两点之间的坐标差由于不同坐标系的影响相互抵消掉了。我们得加上，再减去两个坐标系起点之间的距离。因此这两点之间的距离是不变的，也就是说，距离跟选择哪个坐标系无关。

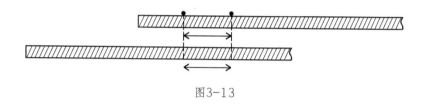

图3-13

另外一个跟选择哪个坐标系无关的量是速度的改变，这是力学中一个我们十分熟悉的概念。我们再次从两个坐标系中观察一个沿直线运动的质点。对任何一个坐标系中的观察者而言，运动质点速度的改变都等于两个速度之差。因为两个坐标系之间做相对匀速直线运动产生的影响在计算两者差值的过程中消失了，所以速度的改变也是一个不变量。但其前提是两个坐标系的相对运动必须是匀速的，否则，每个坐标系中速度的改变也会不同，这种差异是由于代表坐标系的两根杆的相对运动速度发生了变化。

现在我们来举最后一个例子。假设两个质点之间有相互作用力，且力只与两者的距离有关。在匀速直线运动的情况下，距离是不变量，所以力也是不变量。因此，把力跟速度的改变联系起来的牛顿定律，在两个坐标系中都是有效的。我们再次得出了一个可以被日常经验所证实的结论：如果力学定律在一个坐标系中是有效的，那么在相对这个坐标系做匀速直线运动的一切坐标系中都是有效的。当然，我们所举的例子是非常简单的——在直线运动中坐标系可以用一根坚硬的杆来表示，但是我们得出的结论大体上是有效的，概括如下。

①我们不知道有什么规则可以帮我们找到一个惯性系，但如果能找到一个的话，相应地，就能找到无数个。因为在相对做匀速直线运动的所有坐标系中，只要其中一个是惯性系，那它们全部都是惯性系。

②与某一事件相对应的时间，在一切坐标系中都是相同的。但坐标和速度在不同坐标系中是不同的，它们的变化遵循转换定律。

③虽然在从某一个坐标系进入另一个坐标系时，坐标与速度都会发生改变，但是，依据转换定律，力与速度都是不变的，因此力学定律也不变。

我们把这里提出来的关于坐标和速度的转换定律称为经典力学的转换定律，简称为经典转换。

≫ 以太和运动

对于力学现象而言，伽利略相对性原理是有效的。同样的一套力学定律在所有做相对运动的惯性系中都适用。那么，对于一些非力学的现象，特别是对于场的概念发挥重要作用的现象而言，这一原则还适用吗？围绕这个问题提出的一切问题，立刻把我们带回到了相对论的出发点。

我们还记得光在真空中，或者说在以太中，大约以300 000千米/秒（约186 000英里/秒）的速度传播着。光就是在以太中传播的电磁波。电磁场中储藏着能，这种能一旦从源发射出去后，就独立存在了。尽管我们已明显觉得要弄清以太在力学上的结构存在诸多困难，但我们姑且继续把以太看作电磁波传播的介质，因而同样继续视以太为光波传播的介质。

假设我们坐在一个完全封闭的房间里，该房间与外界完全隔绝，空气无法内外流动。如果我们静坐在那里交谈，从物理学的视角来看，我们在创造声波，这种波从声源处发出，以声速在空气中传播。如果我们的嘴巴和耳朵之间不存在空气或者其他介质的话，我们就捕捉不到声音。实验表明，如果在我们选定的坐标系中不存在风且空气处于相对静止状态的话，那么空气中的声音在各个方向上的传播速度都是一样的。

现在我们设想房间在空间中做匀速直线运动。外面的人可以通过正在运动着的房间（当然你把房间想象成火车也没什么问题）的玻璃墙看到里面的一切情况。房间外的人可以根据室内观察者的测量结果，通过房间所在坐标系与他自己所在坐标系的关系，进一步推断声音相对于与室外人所处环境相关的那个坐标系的速度。这个已经讨论了无数次的老问题又来了——如果我们已知某一物体在某个坐标系中的速度，如何确定它在另一坐标系中的速度？

室内的观察者宣称：于我而言，声音在各个方向上的传播速度都是一样的。

室外的观察者宣称：从我自己所在的坐标系出发测算的话，在运动的房间内，声音的传播速度在各个方向上并不相同。在房间运动的方向上，声速要比标准声速快些；而在跟房间运动方向相反的方向上，声速则相对慢些。

这些结论都是从经典转换中推导出来的，而且我们可以通过实验来进行验证。房间的运动会伴随着它里面所包含的物质介质，即声音赖以传播的空气的运动，所以对室内和室外的观察者而言，声速自然是不同的。

利用把声音看作波在物质介质中传播的理论，我们可以推导出一些其他结论。如果我们不想听到讲话人的声音，就可以采取以下做法（肯定不是最简单的方法）：如果我们能相对于讲话人周围的空气以超音速的速度向前奔跑，那么讲话人发出的声波自然就不可能被耳朵捕捉到了。另一方面，如果我们没有听到讲话人所说的某个字，并且这个人不会再重复这个字的话，我们就得以超音速的速度追上已经传播出去的声波，去捕捉那个字。这两个例子都没有什么不合理的地方，当然，前提是：我们得以约400米/秒的速度奔跑。不过我们可以设想，随着技术的不断发展，未来这样的速度是有可能实现的。从手枪中发射的子弹的速度会超过声速，所以如果一个人可以置身于子弹上，那么这个人便永远听不到子弹发射时产生的声音。

以上所有这些例子都完全是力学性质的，现在我们可以提出这个非常重要的问题了：我们之前谈到的关于声波的所有情况，是否同样适用于光波呢？伽利略相对性原理和经典转换在适用于力学现象的同时，能否适用于光现象和电现象呢？不去深入研究这些问题的内涵，仅仅简单地回答"是"或"否"是非常冒险且不严谨的。

在上述例子（室内的声波相对于室外观察者处于匀速直线运动状态）中，以下这两点对于我们得出结论而言至关重要：

①运动着的房间带着可以传播声波的空气一起运动；

②在相对做匀速直线运动的两个坐标系中观察到的速度是通过经典转换联系起来的。

跟声波相对应的光的问题则会有一些不同之处：室内的观察者不是在交谈了，而是向各个方向发射光信号或者光波。我们进一步假设发射信号的光源在房间里永远处于静止状态。光波在以太中的传播与声波在空气中的传播相同。

房间会像之前带着空气一起运动一样，带着以太一起运动吗？因为不清楚以太的力学结构，所以这个问题很难回答。假设房间是完全密闭的，里面的空气被迫随它一起运动。因为所有的物质都浸在以太里面，而且它可以渗透到任何地方，所以如果我们假设以太也是同样情况的话，则是毫无意义的。任何门都不可能把以太拒之门外。我们所谓的"运动着的房间"，在这种情况下只是指一个与光源紧密联系的处于运动状态的坐标系而已。事实上我们也可以设想带着光源一起运动的房间可以带着以太一起运动，就像封闭房间可以带着声源和空气一起运动一样。但是我们同样可以设想出一种相反的情况：房间在以太中穿过，就像船在绝对平静的海上驶过一样，不带走介质的任何部分，只是穿过介质而已。在我们设想的第一种场景中，带着光源运动的房间也会带着以太运动。在这种情况下，我们可以把光波比作声波，进而得出极为相似的结论。在我们设想的第二种场景中，带着光源运动的房间无法带着以太一起运动。在这种情况下，我们就不能用声波进行类比了，所以从声波的例子中得出的结论并不适用于光波。这是两种我们做了简化的可能。我们还可以设想更复杂的可能，例如只有一部分以太被带着光源一起运动的房间带走。但是我们在搞清楚实验支持这两种可能中的哪一种之前，没必要去讨论更加复杂的假设。

我们首先来看一下第一种可能，暂且假定与光源紧密联结的运动着的房间可以带着以太一起运动。如果我们相信应用于声速的简单转换原理，那么现在我们也可以把之前的结论应用到光波上。我们没有理由去怀疑简单的力学转换定律。该定律只不过规定在某些场合下速度应该相加，而在别的场合下速度应该相减。因此我们暂时接受带着光源一起运动的房间可以带着以太一起运动，同时接受经典转换。

如果我们释放与该房间紧密联系的光信号，那么光信号的速度就是著名的实验值，即约300 000千米/秒（约186 000英里/秒）。室外的观察者在注意到房间运动的同时也会注意到光源的运动，因为房间是带着以太一起运动的。他肯定会得出以下结论：在我所处的位于室外的坐标系中观察，不同方向上的光速是不同的——与房间运动方向相同的方向上，光速比标准光速快；而在与房间运动方向相反的方向上，光速则较慢。我们的结论是：如果以太跟随带着光源运动的房间一起运动，并假定力学定律是有效的，那么光速肯定取决于光源的运动速度。假如光源朝着我们运动，那么我们眼睛就能更快地捕捉到从光源处发出的光；如果光源运动着远离我们的话，光速就会变慢。

假如我们的运动速度能超过光速，那么就不会被光信号追上。我们可以赶上之前发出的光波，进而看到过去发生的事件。我们在运动过程中看到的光波的时间顺序跟当初它们被发送出来的顺序正好是相反的。在地球上所发生的一系列事件看起来像是一场倒放的电影，最开始就看到了故事的结局。我们之所以能得出这些结论，是因为我们假定处于运动状态的坐标系可以带着以太一起运动，以及力学转换定律在这种情况下是有效的。如果这些假定真实的话，那么我们完全可以拿光和声来做类比。

但是没有任何证据可以表明这些结论是真实的。恰恰相反，在尝试证明这些结论的过程中，我们的观察反而推翻了它们。鉴于光速太快，我们在做实验时遇到了非常大的技术困难，所以我们推翻这些结论的决定是从间接的实验中得出的。不过虽然实验是间接的，但是这个结论是确定无疑的。**无论光源是否在运动以及不管其运动方式如何，在所有的坐标系中光速都是相同的**。

这个重要的结论是我们从诸多实验中得出来的，不过在这里我们不会详细描述这些实验内容。但是我们可以使用一些非常简单的论证，尽管它们无法证明光速与光源的运动无关，但可以让人们更加相信并且理解这一结论。

在我们所处的太阳系中，地球和其他行星都围绕太阳运动。我们不知道是否还存在着跟太阳系类似的其他行星系。宇宙中还存在着诸多双星系，其内部存在两颗恒星，围绕着同一个点转动，这个点被称为双星的重心。对双星系的观察证实了牛顿的引力定律是有效的。现在，假设光的速度跟发射体的速度有关，那么星球在发光时候的运动速度就决定了其发出的光的传播速度。在这样的情况下，整个运动都会非常混乱。在距离太阳系极远的双星系中，要想确定适用于太阳系的万有引力定律是否也有效，根本无法实现。

我们再来观察一个基于非常简单的理念完成的实验。假设有一个快速旋转的轮子，根据我们的假定，以太会随着轮子的运动一起运动。从轮子旁边经过的光波的速度会因轮子的状态（静止或运动）有所变化。处于静止状态的以太中的光速和随着轮子运动一起运动的以太中的光速是不同的，这就和声速在无风和有风的日子里不同一样。但是我们并没有观测到这样的差异！不论我们从哪个角度来看待这个问题，也不论我们设计出什么样的实验，得出的结论总是跟以太随着物体运动一起运动的假定相矛盾。因此，在一些更加详细且专业论证的支持下，我们观察到的结果如下：

①光速与光源的运动无关；

②以太并不会随周围物体的运动而运动。

鉴于此，我们必须放弃用声波类比光波的这种想法，转而研究第二种可能性：所有物质都是在以太中穿行的，以太本身不参与物质的任何运动。这就意味着我们要假设存在一个以太海，这之中所有的坐标系都处于静止状态或相对于以太海运动。我们暂时先不管实验是否能够证实或者推翻这个理论的问题，最好先熟悉一下这个新假设的含义以及能由它推导出来的结论。

假设相对于以太海，存在一个处于静止状态的坐标系。在力学中，我们无法从许多相对做匀速直线运动的坐标系中区分出其中的某一个。所有这样的坐标系都同样是"好的"或者"坏的"。假设有两个相对做匀速直线运动的坐标系，在力学中研究哪一个处于运动状态，哪一个处于静止状态，是毫无意义的。我们也只能观察到相对的匀速直线运动。根据伽利略的相对性原理，我们无法谈论绝对的匀速直线运动。相对的匀速直线运动和绝对的匀速直线运动都是存在的，这句话意味着什么呢？这表明，存在一个坐标系，其中的一些自然定律和在其他坐标系中不同。这样一个可以绝对作为参考标准的坐标系，使得每一个观察者都能用他所在坐标系中有效的定律跟标准坐标系中的有效定律进行比较，以此来确定他所在的坐标系到底处于运动状态还是静止状态。这与经典力学的情况不同。在经典力学中，由于存在惯性定律，绝对匀速直线运动是毫无意义的。

如果运动会穿过以太，那么我们可以从场的现象中得出什么结论呢？这说明对其他所有相对以太海静止的坐标系而言，存在一个跟它们都不同的坐标系。显然，在这个坐标系中肯定有些自然定律是不同的，否则，如果伽利略的相对性原理是有效的，"运动穿过以太"这种说法就没有任何意义了。这两种观念是无法协调的。不过若存在一个由以太确定的特别坐标系，那么"绝对运动"或"绝对静止"的说法就有了明确的含义。

我们别无选择。我们曾假设坐标系在运动中会带着以太一起运动，试图挽救伽利略的相对性原理，但是这样做的结果是实验结果与假设不符。我们最后唯一的办法，就是抛弃伽利略的相对性原理，假设一切物体的运动都穿过平静的以太海。

下一步，我们考虑与伽利略的相对性原理相矛盾但支持运动穿过以太海的几种结论，并用实验来进行检验。设计出这样的实验比较容易，但是想完成却很困难。因为我们在这里只关心理念，所以忽略了技术上的困难。

我们再来看一下运动的房间和两个观察者（室内观察者和室外观察者）的例子。室外观察者代表的是以以太海命名的标准坐标系。这是个十分特殊的坐标系，它之中的光速永远都是标准值。在平静的以太海中，所有的光源不管处于静止状态还是运动状态，发射的光都以标准光速传播。房间和室内观察者的运动都会穿过以太海。请想象一个在房间正中央的光源突然发光，并马上熄灭，同时想象房间的墙是透明的，可以让室内外的两个观察者都能观测到光速。如果我们问这两个观察者他们观测到了什么，也许他们的回答会是这样的。

室外观察者："我的坐标系是以太海，所以在我的坐标系中光速永远是标准值。我不需去考虑光源或其他物体是否处于运动状态，因为它们绝不可能带着以太海一起运动。我的坐标系跟其他所有坐标系都不同。在其中，无论光束的方向如何，无论光源是否处于运动状态，光速必定是标准值。"

室内观察者："我所在的房间是穿过以太海运动的。房间内一面墙离光越来越远，而另一面墙在向光靠近。如果我的房间相对以太海以光速运动，那么从房间中央发射的光束就永远无法到达离光越来越远的那面墙。而如果房间的运动速度小于光速，那么从房间中央发射的光束到达其中一面墙所用的时间会比到达另一面墙所需的时间短。光波会先到达朝着光波运动的那面墙，之后才会到达背向光波运动的那面墙。因此，虽然光源是跟我所处的坐标系紧密联系起来的，但在各个方向上的光速均不相同。在相对以太海运动的方向上，光速较小，因为墙在背向光波运动。而在相反的方向上，光速较大，因为墙是朝着光波运动的，光波会更早接触到这面墙。"

因此，只有在以太海的特定坐标系中，各个方向上的光速才是相等的。而在其他相对以太海运动的坐标系中，光速的大小取决于我们进行测量的方向。

之前这个重要的实验帮助我们检验了运动穿过以太海的理论。实际上，自然界中存在着一个运动速度相当快的系统可供我们使用，也就是每年围绕太阳运转一周的地球。如果之前的假设是正确的，那么跟地球运动方向一致的光速肯定不同于与地球运动方向相反的光速。这种速度差是可以计算出来的，我们还可以设计出一个合适的实验来加以验证。根据这个理论，我们发现会存在一个极小的时间差，所以必须设计出一个非常巧妙的实验装置。这在著名的迈克尔逊—莫雷（Michelson-Morley）实验中完成了。这一实验的结果无异于把"一切物质都在静止的以太海中穿过"这个理论宣判了死刑。人们发现光速与方向之间并不存在什么关系。如果以太海理论是正确的，那么我们应该会发现：不仅光速，其他场现象都与处于运动状态的坐标系的方向有关。其他实验和迈克尔逊—莫雷实验一样，得出了相反的结果，都没能证明物体运动与地球运动的方向间存在关系。

现在情况越来越严重了。我们之前的两个假设都被推翻了。第一种假设是运动的物体会带着以太一起运动。光速跟光源运动无关的事实推翻了这个假设。第二种假设是，存在一个特别的坐标系，运动的物体不是带着以太一起运动，而是在永远处于静止状态下的以太海中穿过。如果是这样，那么伽利略的相对性原理就是无效的，而光速在不同的坐标系中也不会相等。但是，我们看到实验结果又与其矛盾。

我们还尝试过一些更牵强的理论，比如我们假设真实情况是处于上述我们谈到的这两种极端情况之间，也就是说，物体在运动的过程中只会带着部分以太一起运动，但这些假设无一例外都被推翻了。我们尝试用以太的运动、穿过以太海的物体运动或同时用这两种运动来解释处于运动状态下的坐标系中的电磁现象，但全部失败了。

因此我们看到了科学史上最具戏剧性的一幕：所有跟以太相关的假设都行不通！实验得出的判决总是会推翻假设。回顾一下物理学的发展历史，我们看到以太的概念出现时，就是具体物质这个"大家族"中的"**坏小孩（enfant terrible）**"。第一，构建一个以太的简单力学模型已被证实是不太可能的，所以我们放弃了这样的念头。这在很大程度上最终导致了整个机械观的崩溃。第二，我们不得不放弃依靠所谓的以太海去确定一个特别的坐标系，并承认相对运动和绝对运动的存在。这是除了以太能够携带波之外，能证实以太存在的唯一办法了。我们所做的一切想让以太变成真实存在的努力全部失败了。我们既无法解释以太的力学结构，又不能找到以太的绝对运动。除了我们在提出以太这个概念时赋予它的一种特性——具有传播电磁波的能力之外，我们再没发现以太的任何其他特性。我们一直试图追寻以太的本质，但在这个过程中，遇到了很多困难，并且实验结果都跟假设相矛盾。在经历了这些失败之后，现在是时候完全抛开以太这个概念，并且以后也不要再提及它了。我们可以说：空间具有传播波的物理特性，这样我们就可以避免使用这个不愿提及的名词了。

把以太这个词从我们的字典中划去并不意味着就此万事大吉了，亟待解决的问题实际上要比这种解决方法困难得多！

现在我们把已经被实验充分证实了的论据列出来，同时不再考虑"以太"的问题。

①真空中的光速永远为标准值，与光源或者光的接收者的运动无关。

②在两个相对做匀速直线运动的坐标系中，所有的自然定律都是一模一样的，所以我们无法分辨出绝对的匀速直线运动。

很多实验都已经证明了这两点，并且不存在任何一个实验的结果与它们相矛盾。第一点表示的是光速的恒定性，第二点则把适用于力学现象的伽利略相对性原理推广到了一切自然现象中。

在力学中，我们已经看到，假如相对于一个坐标系，一个质点的速度是确定的话，那么它在另一个相对于第一个坐标系而言做匀速直线运动的坐标系中的速度就不一样。这遵循的是经典力学的转换定律。我们利用直觉（比如相对于船和岸人在运动的例子）就可以推导出这样的结论，显然这不会存在什么问题。但是这个转换定律跟"光速是恒定的"是互相矛盾的。所以，我们得再补上第三个原则。

③位置和速度是根据经典转换从一个惯性系转到另一个惯性系的。

于是，矛盾就凸显出来了，我们无法把上述三个原则结合在一起。

经典转换看起来过于明显和简单，这促使我们尝试对其加以改变。我们已经尝试去改变第一点和第二点，但是并没有得到实验结果的支持。所有关于以太的运动的理论都得要改变第一点和第二点，尽管并没带来什么好处。我们再次认识到了困难的严峻性。我们必须寻找新的线索。这个线索需要**接受第一和**

第二点的基本假定，同时尽管听上去有点奇怪，要放弃第三点。 这个新线索始于对最基本和最简单概念的分析，我们后面会谈到这个分析如何促使我们改变了旧观点，进而消除了面临的所有困难。

≫ 时间、距离、相对论

我们做出了下述新假设：

①在所有相互做匀速直线运动的坐标系中，真空中的光速都是相同的；

②在所有相互做匀速直线运动的坐标系中，所有自然定律都是相同的。

这两个假设是相对论的起点。从现在开始，我们就不再使用经典转换了，因为我们已经知道它和这两个假设矛盾。

在这里，我们需要剔除那些根深蒂固的、常常未经鉴别就使用的偏见，这也是在所有科学工作中都必须要做的。我们已经知道，如果试图改变之前提到的第一点和第二点原则，其结果只会跟实验结果相矛盾，所以我们要大胆地承认它们的有效性，同时攻击可能的弱点，即位置和速度从一个坐标系转换到另一个坐标系中的方法。我们的想法是由第一点和第二点推导出结论，研究这两个假设在什么地方、以何种方式跟经典转换产生了矛盾，并明确所得结果的物理意义。

我们再次使用处于运动状态下的房间和室内、室外两个观察者的例子。同样地，假设一个光信号在房间的正中央发出，我们询问观察者们期待看到什么。这时，他们只承认上面两个原理，并完全忘记了我们之前谈到的关于光在介质中传播的所有内容。我们把他们的回答记录如下。

室内观察者："从房间正中央发出的光信号会同时抵达房间各面墙，因为所有墙和光源都是等距的，而在各个方向上的光速是完全相等的。"

室外观察者："在我身处的坐标系中进行观察，光速和随着房间一起运动的室内观察者观测到的光速完全一样。相对于我身处的坐标系而言，光源是否在运动无关紧要，因为光源本身的运动并不会影响光速。我观察到的是光信号以标准速度传播，并且在各个方向上都是相等的。其中一面墙是在向远离光信号的方向运动，另一面墙则是在向接近光信号的方向运动。因此，光信号到达逐渐远离它的墙壁所需的时间要比到达逐渐接近它的墙壁所需的时间多一点。虽然时间相差非常短，但是即使房间的运动速度远远慢于光速，光信号也绝不可能完全同时到达与运动方向垂直的两面相对的墙。"

比较这两个观察者的预测之后，我们发现了一个惊人的结果。它显然跟已经非常完备的经典物理学上的概念相矛盾。现在产生了一个矛盾，在观察两束光是否同时到达两面墙时，室内观察者认为它们是同时到达的，而室外观察者认为并不是。在经典物理学中，对身处任何坐标系中的观察者而言，只存在一个钟，也就是说，时间流逝在所有坐标系中都是一样的。因此，时间或者说"同时""早些""迟些"等词，都有着与任何坐标系无关的绝对的意义。在任何一个坐标系中同时（同时发生、进行和结束）的两件事，在其他坐标系中也必定是同时的。

上述两个假设，也就是相对论，促使我们放弃了这种观点。我们已经谈到了，在一个坐标系中同时的两个事件，在另一个坐标系中并非同时的。我们的任务就是要弄清楚这一结果，从而搞明白"在一个坐标系中同时的两个事件，在另一个坐标系中可能不是同时的"这句话的含义。

我们所说的"在一个坐标系中同时的两个事件"到底是什么意思呢？我们似乎都知道这句话是什么意思，但是我们必须要谨慎一点，并试着给出更严格的定义，因为我们知道太重视直觉是很危险的。我们先来回答一个简单的问题：钟是什么？

对时间流逝的简单主观感觉使我们能够对印象中的事件进行排序——确定某一件事发生得要早些，另一件事则发生得迟一点。如果两个事件的时间间隔为10秒钟，我们就需要使用一座钟。钟的使用使时间的概念变得客观了。任何物理现象，只要它能够根据需要确切地重复无数次，都可以充当一座钟。我们只要取这一物理现象开始和结束的时间间隔为时间的单位，那么重复这个过程就可以测量任何时间间隔。所有的钟，从最简单的沙漏到最精密的仪器，都是基于这样的理念制造出来的。比如，沙漏的时间单位是沙由上面的玻璃容器流入下面的玻璃容器的时间间隔，只要把沙漏不断倒转过来就可以无数次重复这个物理过程。

在两个相距很远的点上，有两座完美的钟，并且它们上面显示的时间完全一样。我们随便用什么方法对其进行实验验证，这句话应该都是正确的。但是这句话到底是什么意思呢？我们怎样才能确保两个相距很远的钟上显示的时间是完全一样的呢？一个可能的办法是使用电视。但是我们要指出，这里只是用电视来举一个例子，它在我们的论证中并不是不可或缺的。我们可以站在其中一座钟的旁边，看着电视中另一座钟的影像，这样我们就可以判断它们是否显示着相同的时间。但这不是一个很好的证据。电视影像是经由电磁波传递的，也就是说，其是以光速传播的。我们在电视屏幕上看到的图像是在极短时间以前发出的，而我们在身边的钟上所看到的时间是实时的。我们很容易就可以避免这种误差。我们必须在这两座钟之间距离的中点处，提取这两座钟的电视影像，然后在这个中点处进行观察。如果信号是同时发出的，那么它们也肯定会同时到达中点。假使我们在中点处观察到两座钟一直显示着相同的时间，那么我们就能够用它们来显示相距很远的两点上发生事件的时间。

在力学的例子中，我们只使用了一座钟。这并不是很方便，因为我们必须在这座钟的附近完成所有的测量工作。如果是从远处看钟上的时间，比如说通过一台电视，那么我们必须时刻牢记：我们现在所看到的其实是不久之前的时间。这就好像我们现在看到的太阳光，实际上是太阳在8分钟之前发出的一样。在计算时间的时候，我们必须要根据与钟的距离进行相应的修正。

所以只有一座钟是不方便的。我们现已知道怎样判断两座或多座钟是否同时显示同样的时间，是否走得一模一样。这样我们就可以在给定的坐标系中按照自己的意愿设想出很多钟，每一座钟都可以帮助我们确定在它附近所发生事件的时间。这些钟相对于坐标系而言都处于静止状态。它们都是"好"钟，而且全都同步，这表明在同一时刻它们显示相同的时间。

我们这样去布置钟并不是一件令人感到非常意外或者奇怪的事情。现在我们不再只用一座钟，而是用多座同步的钟，这样我们很容易判断在给定的坐标系中，两个相距极远的事件是否是同时发生的。如果在两个事件发生时，它们附近同步的钟显示出了同样的时刻，那这两个事件便是同时发生的。现在两个相距极远的事件中，其中某一个比另一个发生得早些这样的说法就有了明确的意义，它们都可以用在我们的坐标系中保持静止的同步钟来判断。

这些现象跟经典物理学理论是相吻合的，并且现在看来也没有出现任何与经典转换相矛盾的地方。

为了弄清楚同时事件，我们利用信号使钟同步。在我们的安排中非常重要的一点是信号是以光速传播的，而光速在相对论中发挥着非常重要的作用。

鉴于我们想要解决的是两个相对做匀速直线运动的坐标系之间的重要问题，我们必须设想出两根杆，每根杆上都配有一些钟。处于这两个相对做匀速直线运动的坐标系中的观察者，现在都有了自己的测量杆和固定在杆上的一组钟。

之前在经典力学中讨论测量时，在所有的坐标系中我们只使用了一座钟，现在我们在每一个坐标系中都用了很多钟。这之间的区别其实并不重要。一座钟就足够了，但是只要这些钟全部都是同步的钟，那么也不会有任何人反对使用很多座钟。

现在我们马上就要谈到经典转换和相对论矛盾的这个本质点了。如果两组钟相对做匀速直线运动，那么会是什么结果呢？笃信经典学说的物理学家会回答道："什么都不会发生，它们走得还是完全一样的。我们既可以使用处于运动状态的钟，又可以使用处于静止状态的钟来显示时间。按照经典物理学的观点，在一个坐标系中同时发生的两个事件，在任何其他坐标系中也会同时发生。"

但这并不是唯一可能的答案。我们同样可以设想一座处于运动状态下的钟跟一座处于静止状态下的钟，它们运动的节律是不同的。我们现在来研究一下这种可能性，但暂时不会确定钟的指针是否真的会在不同运动状态下改变运动节律。所谓的一个处于运动状态下的钟会改变节律是什么意思呢？为方便理解，我们假设在上坐标系中只有一座钟，而在下坐标系中有很多座钟。所有钟的工作原理都相同，下坐标系中的所有钟都是同步的，也就是说，它们会同时显示相同的时刻。我们把相对运动的两个坐标系三个接连出现的位置表示在图3-14中。在图3-14（a）中，上面和下面的钟的指针位置是一样的，因为我们最开始就是这样安排的。在图3-14（b）中，我们看到的是在经过了一段时间之后两个坐标系的相对位置。下坐标系中所有的钟都显示相同的时刻，但是上坐标系中那个钟的指针方向发生了改变。由于上坐标系中的钟相对于下坐标系在运动，所以它的节律变了，时间也不同了。在图3-14（c）中，我们看到钟的指针位置差异随时间变化增大了。

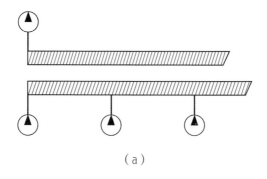

（a）

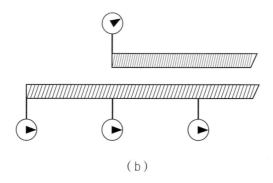

（b）

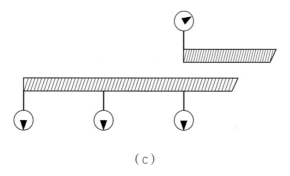

（c）

图3-14

下坐标系中处于静止状态的观察者会发现钟处于运动状态时，运动节律会发生变化。当然，如果钟相对于在上坐标系中处于静止状态的观察者而言，处于运动状态，那么就会出现和之前相同的结果。不过在这种情况下，上坐标系中需要有很多钟，而下坐标系中只要一座钟。在两个相对运动的坐标系中，自然定律必定是相同的。

在经典力学中，我们一般会认为，一座处于运动状态的钟不会改变其节律。这太过明显了，甚至根本没必要专门提及。但我们不应该觉得任何一件事情是完全理所当然的，如果想要更加谨慎的话，我们就得分析物理学中习以为常的那些假设。

我们不能仅凭一个假设跟经典物理学中的假设不同，就认为它是不合理的。只要钟的节律变化的规则在所有惯性系中都相同，那么我们很容易就能设想出一个处于运动状态的钟会发生节律变化。

我们再来举一个例子。取一根码尺，当它在坐标系中处于静止状态时，长度为1码（约0.9米）。现在它开始做匀速直线运动，在代表坐标系的杆上滑行，它的长度还会是1码吗？我们必须要提前知道怎样去测量它的长度。当码尺处于静止状态时，它的两端在坐标系上所显示的两个刻度之间的间隔为1码，由此我们可以确定静止状态下码尺的长度为1码。当码尺处于运动状态时，该怎么去测量它的长度呢？我们可以用下面的方法进行操作。在某一个给定时刻，两个观察者同时拍照，分别拍摄运动的码尺的一端。由于照片是同时拍摄的，我们可以找到码尺的始端和末端跟坐标系相重合的刻度并加以比较。使用这种办法，我们就可以测量出它的长度。两个观察者必须在给定坐标系中的不同位置，去记录同时发生的现象。我们没有理由相信运动状态下的测量结果会和静止状态下的测量结果相同。因为照片拍摄必须是同时的，而我们也已经知道所谓的"同时"是取决于坐标系的一个相对概念，因此在做相对运动的坐标系中，这种测量的结果非常有可能会是不同的。

我们可以想象，如果改变的规律在所有的惯性坐标系中都一样，那么不仅运动的钟会改变其节律，运动中码尺的长度也会发生改变。

到现在为止，我们只讨论了几种新的可能性，还没有为它们提供任何佐证。

我们还记得在所有的惯性坐标系中，光速都是一样的。这跟经典转换是绝不可能相符的。我们必须要在某处打破这个怪圈。在这里难道不行吗？难道我们不能认为处于运动状态的钟的节律会改变，处于运动状态的码尺的长度也会改变，所以光速是恒定的吗？我们是可以做到的！这就是相对论和经典物理学截然不同的第一个例子。我们可以把论证倒过来：如果光速在所有的坐标系中都是恒定的，那么处于运动状态的码尺的长度必然发生改变，处于运动状态的钟的节律也必然会发生变化。这样我们就可以严格地定义这些变化所遵循的定律了。

这一切都不存在什么神秘和不合理的地方。在经典物理学中，我们总是假定无论处于运动状态还是静止状态，钟的节律都是相同的；同样地，无论处于运动状态还是静止状态，码尺的长度也是不变的。假如所有的坐标系中光速都是恒定的，且相对论是有效的，那么我们必须放弃经典物理学的这个假定。虽然消除这些根深蒂固的偏见非常难，但是除此之外我们别无他法。从相对论的视角来看，旧的概念似乎是非常武断的。为什么我们要像前几页中所谈到的那样，相信存在绝对时间，即对于所有坐标系中的观察者而言，时间都以同样的方式流逝呢？为什么相信距离是不可变的呢？时间是由钟确定的，空间坐标是由码尺确定的，而确切的结果可能取决于钟和码尺在运动状态下的表现。我们没理由相信它们会表现得跟我们希望的一模一样。对电磁场现象的观察间接表明，一座处于运动状态的钟，其节律会发生改变；一根处于运动状态的码尺，其长度也会发生改变。而在力学现象中，我们曾想到会出现这样的情况。我们必须接受在每个坐标系中相对时间的概念，因为这是目前解决我们面临困难最好的方式。相对论带来的科学进步表明，我们不应该把这个新概念当作不得已的出路，因为这个理论的优点实在太过显著了。

到目前为止，我们试图展示是什么把我们引向相对论的基本假设，以及相对论如何促使我们重新定义时间和空间，进而对经典转换做出修改。我们的目的是展现那些为新的物理学和哲学观点奠定基础的理念。这些理念都很简单，但是以这里提出的这些理念的形式，我们还不足以得出任何定量或者定性的结论。我们必须再次使用之前的方式——只解释主要理念，至于其他理念，不加证明地提出即可。

为了清楚地阐明笃信经典转换的古代物理学家（以下简称为"古"）和今天接受相对论的物理学家（以下简称为"今"）在观点上的区别，我们设想了下述对话。

古："我相信力学中的伽利略相对性原理，因为我知道力学定律在两个相对做匀速直线运动的坐标系中是相同的。换句话说，在经典转换的条件下，这些定律也都是不变量。"

今："但是相对性原理必须适用于外界一切现象。在所有相对做匀速直线运动的坐标系中，不仅力学定律要全部相同，所有的自然定律也都必须是相同的。"

古："但是在相对运动的坐标系中，所有的自然定律怎么可能会完全相同呢？在经典转换中，麦克斯韦方程组并不是不变的。光速的例子就十分清楚地体现了这一点。根据经典转换，在两个相对运动的坐标系中，光速并非恒定的。"

今："这只能说明不能够应用经典转换，以及把两个坐标系联系起来的肯定不是经典转换，而是其他东西。同时我们也不能像转换定律中所说的那样，把不同坐标系中的坐标和速度联系起来。我们必须以新的定律取而代之，并且要利用相对论的基本假设把它们推导出来。我们现在不用考虑以数学的方式去表述这个新的转换定律，只要知道它跟经典转换不同就足够了。我们把它称为洛伦兹变换（Lorentz Transformation）。我们可以看到，麦克斯韦方程组（即场定律）对于洛伦兹变换而言是不变量，就好像力学定律对于经典转换而言也是不变量。让我们来回忆一下经典物理学，其中包含坐标的转换定律、速度的转换定律，但是两个相对做匀速直线运动的坐标系中的力学定律是一致的。对空间而言，存在着转换定律，对时间而言却不存在，因为在所有坐标系中，时间都是一样的。但是在相对论中，时间是变化的。从空间、时间和速度的转换定律来看，它们都跟经典转换有所不同。但是在所有相对做匀速直线运动的坐标系中，自然定律必须是一致的。自然定律必须是不变的，当然这不是就前面谈到的经典转换而言，而是从新的转换定律——所谓的洛伦兹变换角度来看的。在所有的惯性系中，自然定律都是同样有效的，而且从一个坐标系转换到另一个坐标系要遵循洛伦兹变换。"

古："我接受你所说的，但我更想知道经典转换和洛伦兹变换之间的区别。"

今："对于这个问题，我觉得最好的回答方式是这样的：你先引出经典转换的一些特点，然后我会说明这些特点是否在洛伦兹变换中被保留了下来。如果没有的话，我会说明它们发生了什么变化。"

古："假如在我所在的坐标系中，某一时刻、某一地点发生了一个事件，而在另外一个相对我所在的坐标系做匀速直线运动的坐标系中，观察者会用一个不同的数值来记录这个事件的发生位置，当然时间都是一样的。在所有的坐标系中我们只用一座钟，钟是否运动是无关紧要的。这在你看来是对的吗？"

今："不，并非如此。每个坐标系中都必须要有一系列处于静止状态的钟，因为在运动状态下，钟的节律会发生变化。对于身处两个不同坐标系的观察者而言，他们不仅会用不同的数值来表示物体的位置，还会用不同的数值来表示这个事件发生的时间。"

古："这表明时间不再是恒定不变的。在经典转换中，所有坐标系中的时间全都是相同的。而在洛伦兹变换中，时间是会变化的，而且其变化有点类似于经典转换中的质点坐标相对变化。时间是这种情况，那么长度呢？根据经典转换，一根坚硬的杆无论处于静止状态还是运动状态，其长度都不会发生任何变化。现在还是如此吗？"

今："不是了。根据洛伦兹变换，一根处于运动状态的杆会在运动方向上变短，而且如果速度增加的话，缩短的幅度会增加。一根杆运动得越快，看上去越短，但是这种变短只发生在运动方向上。从图3-15中，我们可以看到，当一根杆的运动速度为光速的90%时，它的长度会变为原来的50%。但从图3-16中我们可以看到，这根杆在与运动方向垂直的方向上长度没有发生变化。"

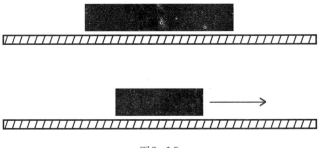

图3-15

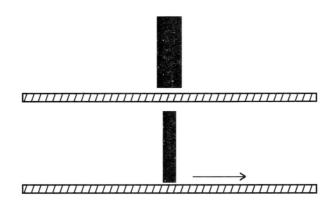

图3-16

古："这表明处于运动状态的钟的节律和处于运动状态的杆的长度都取决于速度，但是具体是怎样的呢？"

今："速度越大，这种改变便越明显。根据洛伦兹变换，假如一根杆的运动速度达到光速，那么它将不存在任何长度。同样，与相对于杆处于静止状态的钟相比，一个沿着杆前进的钟，它的指针运动节律会逐渐慢下来。如果钟的速度达到了光速，那么它就会完全停止，当然前提是钟是'好的'。"

古："这似乎跟我们的日常经验是互相矛盾的。我们知道一辆汽车不会因为处于运动状态，长度就会变短。我们也知道汽车司机随时可以用他自己的'好'钟和他所驶过路上的钟进行比对，他会发现这些时间总是完全一致的。这就跟你的说法相矛盾了。"

今："这当然是没有什么问题的。但是跟光速比起来，力学中的所有速度都要小得多，所以想把相对论应用到这些现象里是极为荒谬的。一个司机即使把行驶速度变为原来的十万倍，也还能完美地适用经典物理学。只有当速度接近光速时，实验与经典转换之间才有可能会出现矛盾的地方。只有在速度极大时，我们才能测试洛伦兹变换的有效性。"

古：“但是还有一个难点。根据力学原则，我可以设想物体的速度甚至可能超过光速。一个物体相对于一艘运动的船以光速在运动，那么它相对于静止不动的岸的速度应该比光速还要大。当一根杆在速度等于光速时，它的长度便已经没有了，这时会发生什么呢？如果杆的运动速度超过光速，我们实在无法想象存在一种负长度。”

今：“你没必要这样讽刺我们！根据相对论的观点，物质的运动速度绝不可能超过光速，光速是所有物体能够达到的上限。所以说如果一个物体相对于运动的船的速度等于光速的话，那么它相对于静止不动的岸的速度也等于光速。对速度进行简单增减的力学定律在这里已经不再适用了。或者更准确地说，它对于很慢的速度而言，大体还是适用的，但是当速度接近光速时，我们就不能使用这些定律了。洛伦兹变换中会清晰地出现表示光速的数值。并且就像经典力学中无限大的速度一样，光速也是一个极限速度。这个更为普遍的理论跟经典转换和经典力学其实并不完全矛盾。相反，作为一种极端情况，当速度非常小时，我们还是可以继续使用旧概念的。从新理论的视角来看，我们可以清楚地了解到，经典物理学的适用范围是什么，以及它的界限在什么地方。在汽车、轮船和火车等的慢速运动中应用相对论，就像在使用乘法表足矣的情况下使用计算机一样令人发笑。”

≫ 相对论和力学

相对论的兴起是由于现实需要，即我们的思考跟旧理论之间存在着十分严重且深刻的矛盾，同时我们再也没办法去逃避这些矛盾了。新理论的优点在于它可以始终如一地用简单的方式去解决这些困难，并只使用了少数几个令人信服的假设。尽管场的问题导致了这个理论的出现，但它必须要能包容所有的物理定律。这里似乎出现了一个困难。场的定律和力学定律是两种截然不同的类型。对于洛伦兹变换而言，电磁场方程是不变的；同样，对于经典转换而言，力学方程也是不变的。但是相对论要求所有的自然定律在洛伦兹变换中都必须是不变的，而不是相对于经典转换而言是不变的。后者只是在洛伦兹变换中两个坐标系相对速度极小时的一种特殊的极限情况。如果是这样的话，必须改变经典力学，才能在洛伦兹变换中始终保持一致性。或者换句话说，当速度接近光速时，经典力学就不再适用了。从一个坐标系转换到另一个坐标系，只存在一种转换，也就是洛伦兹变换。

我们可以用这样简单的方式对经典力学进行改变，使其一方面不会与相对论相冲突，另一方面，也不会与我们此前已经观察到的并且已经用经典力学解释过的物质现象相矛盾。旧力学只适用于相对小的速度，在新理论中它可以作为一种特殊情况。

现在我们有必要来观察一下由于相对论的引入，经典力学中发生的一些变化。我们可能会从中得出一些结论，当然这些结论可能会被实验证实或者推翻。

假设有一个质量一定的物体，沿着直线运动，它受到跟运动方向相同的一个外力的影响。我们知道速度的改变与力成正比，或者说得更清楚一点：在一秒钟内，一个物体无论速度是从100英尺/秒增加到101英尺/秒，还是从100英里/秒增加到100英里1英尺/秒，或者是从180000英里/秒增加到180000英里1英尺/秒，都是无关紧要的。如果在相同的时间内，速度的改变是相同的，那么作用在物体上的力就是相同的。

从相对论视角出发，这句话还是对的吗？当然不是！这一定律只对非常小的速度才是有效的。根据相对论，当速度大到接近光速时，速度定律又是怎样的呢？如果速度本身极快，继续使速度增加就需要极强大的力。把100英尺/秒的速度增加1英尺/秒和把近乎光速的速度增加1英尺/秒，所需的力是完全不可比的。速度越接近光速，增加就越难。当速度达到光速时，就再也不可能继续增加了。所以，相对论所带来的这种改变并不会令人惊诧。光速是所有速度的上限，不管施加多么大的力，都不可能使速度增加到超过上限。在这里，我们看到了一个更加复杂的力学定律，它取代了之前把力和速度的改变联系起来的旧的力学定律。从新观点角度看，经典力学无疑是十分简单的，因为几乎在所有的观察中，我们面对的都是跟光速相比非常小的速度。

处于静止状态下的物体具有一定的质量，即静止质量。我们知道，在力学中所有物体都会抵抗促使其改变运动状态的外力。质量越大，抵抗力越大；质量越小，抵抗力越小。但是在相对论中不止如此。如果一个物体对促使其改变自身运动状态的外力抵抗力很大，一方面可能是因为该物体的静止质量较大，另一方面可能是因为该物体速度较大。在经典力学中，一个既定物体的抵抗力是恒定不变的，它取决于该物体的静止质量。而在相对论中，它不仅仅取决于静止质量，还跟物体的运动速度有关。当物体的运动速度接近光速时，抵抗力便成为无限大。

有了刚才谈到的结果，我们就可以用实验来验证这个理论是否正确。接近光速的抛射体对于外力的抵抗力，是否像理论预测的那样呢？鉴于相对论在这一方面的论述是定量的，假如我们能让一个抛射体的速度接近光速，那么就可以证实或推翻这个理论。

事实上，在自然界中我们确实找到了可以达到这种速度的抛射体。它就是放射性物质的原子，例如镭原子，它就像大炮一样，能发射速度极高的抛射体。这里我们忽略掉一些细节，只引用近代物理学和化学中的一个重要观点——宇宙中的所有物质都是由几类基本粒子组成的。这就像在一个城镇中，你可以看到很多建筑物，它们的大小、结构和建筑风格都不同，但是从简陋的小屋到摩天大楼都只使用了为数不多的几类砖。同样，我们身处的物质世界中所有已知的化学元素，从质量最轻的氢到最重的铀，都是由几种基本粒子构成的。就和最复杂的建筑一样，最重的元素都是不稳定的，它们会分裂，或者说具有放射性。构成放射性原子的"砖头"，也就是基本粒子，有时会以接近光速的速度被抛射而出。根据现已被大量实验证实的看法，元素的原子，例如镭原子，结构非常复杂。放射性衰变是能证明原子由更为简单的基本粒子构成的众多现象中的一种。

通过一些精心设计的实验，我们能发现这些粒子是如何抵抗外力作用的。实验表明，这些粒子所产生的抵抗力取决于速度，而这跟相对论的预测是一样的。在许多其他例子中，我们也可以看出抵抗力和速度有关，这表明相对论跟实验结论完全相符。这里我们再次看到了科学中创造性工作的重要特征，即通过理论预测某些现象的发生，然后用实验来进行验证。

这个结果表明我们可以做进一步的归纳推广。一个物体处于静止状态时有质量，但没有动能（运动的能量）。一个处于运动状态的物体既有质量又有动能，跟静止物体相比，它会更加强烈地抵抗速度的改变，似乎处于运动状态的物体的动能使其抵抗力增加了。假如两个物体原先静止且质量相等，则动能较大的那个物体对于外力作用的抵抗力会更强。

设想一个装着球的箱子，箱子与球在坐标系中都处于静止状态，要使它运动，增加其速度，都需要力的作用。如果箱子内的球像气体中的分子一样，可以以近乎光速的平均速度快速朝着各方向运动，那么在相同的时间间隔内用同样的力导致速度增加的幅度是否一样呢？答案是：现在我们必须施加更大的力，因为球的动能增加了，相应地，箱子的抵抗力也增加了。可见能，至少是动能，它对于运动的抵抗作用与质量所起的抵抗作用是一样的。那么对于其他各种能来说，也都是如此吗？

从相对论的基本假设出发进行推导，我们会得出一个明确且有说服力的答案，而且这个答案具备定量的性质：所有能都会抵抗运动的改变。能起到的作用与物质类似。一块铁在高温条件下的质量要超过冷却时的质量；太阳发出的在空间中进行传播的辐射中含有能，因此也有质量。太阳与所有发出辐射的星体一样，都会因为辐射而失去一部分质量。得到普遍性结论是相对论取得的重大成就之一，它与经过检验的所有现象都符合。

经典物理学引入了两种物质，即物质与能。第一种有质量，而第二种没有质量。在经典物理学中有两个守恒定律，一个是关于物质的，另一个是关于能的。我们已经提问过：现代物理学是否还依旧坚持两种物质和两个守恒定律的观点？答案是否定的。根据相对论，质量与能之间不存在明显区别。能有质量，而质量代表着能量。现在我们把两个守恒定律变成了一个，即质量能量守恒定律。随着物理学的进一步发展，我们发现这种新观点是非常成功的，并且给我们带来了诸多好处。

为什么在过去相当长的一段时间内，没有人注意到能具有质量且质量可以代表能量的这一事实呢？一块铁在高温条件下的质量要超过冷却时的质量吗？现在我们对于这个问题的答案是"是"，而过去（参见"热是一种物质吗"一节）的答案是"否"。从那一节到这里我们所讲的内容，当然还不足以解决这个矛盾。

我们在这里遇到了和之前相同性质的困难。相对论所预测的质量变化极小，无法进行测量，即便最灵敏的天平也没办法直接测量得出结果。我们可以用许多其他有说服力但是间接的方式来证明能是有质量的。

直接证据非常缺乏，这是因为物质与能之间的转换率太小了。能与质量进行比较的话，就像把已经贬值的货币和高价值货币相比较一样。下面的例子就足以说明：能把3万吨水汽化的热量只有1克重。在过去很长一段时间内，我们都认为能是没有质量的，就是因为它的质量太小了。

过时的能与物质间的关系是第二个被相对论打倒的对象，第一个是光波传播的介质。

相对论产生的影响要远远超过催生它的那个问题的研究范围。它扫除了场论中存在的困难和矛盾，建立起更加普遍的力学定律。它用一个守恒定律取代了之前的两个守恒定律，也改变了绝对时间的旧概念。它的有效性不再局限于物理学范畴，已成为适用于一切自然现象的普遍框架。

>> 时空连续体

"1789年7月14日，法国大革命在巴黎爆发了。"这句话描述了一个事件发生的空间和时间条件。第一次听到这句话时，我们可能并不清楚"巴黎"是什么意思。我们可以这样说：巴黎是位于地球上东经2°和北纬49°的一个城市。通过这两个数，我们就能够标记出事件的发生地点；"1789年7月14日"则是这个事件的发生时间。在物理学中准确标记出一个事件发生的地点和时间比在历史学中更加重要，因为这些数据是进行定量描述的基础。

简单起见，之前我们仅考察了直线运动。运动所在的坐标系是一根有起点且能无限延长的硬杆。我们暂且保留这个限制。在杆上取不同的点，只用一个数值即点的坐标来表示它们的位置。如果说某个点的坐标是7.586英尺，就表示这个点跟杆的起点之间相距7.586英尺。反过来说，如果有人给出任意一个数值及其单位，那么我们肯定能够在杆上找到与其相对应的某一点。我们可以说，杆上一个确定的点对应着一个数；同样，一个确定的数也对应着杆上的一个点。数学家们这样描述该现象：杆上所有的点构成了一个一维连续体。杆上任意一个给定点的附近都会存在其他点，我们可以把任意两个相距极小的点连接起来，最终使两个相距极远的点相连接。连接相距极远两点之间的各个距离段可以无限小，这就是连续体的特点。

我们再来看一个例子。假设有一个平面，当然如果你们更喜欢用具体的东西来举例，可以假设有一个长方形的桌面。对于桌面上任意一点的位置，我们不再像之前一样用一个数来标记，而是用两个数来表示。这两个数就是这个点与桌面两条互相垂直的边之间的距离（图3-17）。在这样的情况下，平面上某一点所对应的不再是一个数，而是一对数，同样，一个确定的点也会对应一对数。换句话说，平面是一个二维连续体。平面上任意一个给定点的附近都有其他的点。两个相距极远的点可以用由无数距离近的点形成的线把它们连接起来。同样，连接相距极远两点之间的各个距离段可以无限小，并且每一个点都可以用两个数来表示，这就是二维连续体的特点。

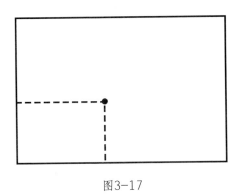

图3-17

再来举一个例子，假设把自己的房间看作你身处的坐标系，你得以房间的墙为媒介来描述所有的位置。如果房间中的一盏灯处于静止状态，那么我们可以用3个数值来表示这盏灯的位置，其中两个数用于确定它跟两面互相垂直的侧墙之间的距离，第三个数用于确定它跟天花板或地板之间的距离（图3-18）。3个确定的数对应着空间中的某一点，同样地，空间中一个确定的点也会对应三个数。我们可以这样表述：我们所处的空间是一个三维连续体。空间中任意一个给定点的附近都存在着其他点。同样，连接相距极远两点的各个距离段可以无限小，并且其中每一个点都可以用3个数来表示。这就是三维连续体的特点。

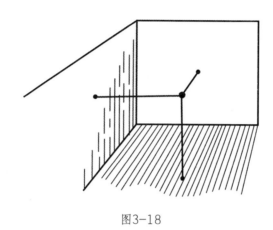

图3-18

但是我们上面所谈的东西几乎没怎么涉及物理学。回到物理学上来，我们就必须观察下物质粒子的运动。要观察并预测自然界中的现象，我们不仅要考虑物理现象发生的位置，还要考虑它发生的时间。现在我们再来看一个很简单的例子。

假设一个小石子从塔上落下来，我们可以把这个小石子看作一个粒子。假设塔高256英尺。从伽利略那个时代起，我们就能预测石子下落之后在任意时刻的坐标。下面是用以描述石子在0秒、1秒、2秒、3秒、4秒时位置的"时间表"（表3-1）。

表3-1　石子在不同时刻距离地面高度（列）表

时间／秒	距地面高度／英尺
0	256
1	240
2	192
3	112
4	0

我们的"时间表"中记录了5个事件，对于每一个事件，我们都可以用2个数即每个事件发生的时间和空间坐标进行表示。第一个事件是石子在0秒时离地高度为256英尺；第二个事件是石子与我们坚硬的杆（即塔）在离地240英尺处重合，这发生在石子下落1秒之后……最后一个事件是石子落到地面上。

我们可以用不同的方式来表示我们从这个"时间表"中所学到的东西。我们可以把"时间表"中的5组数值表示为平面上的5个点。首先我们要确定比例尺，如图3-19所示，左边的线段表示100英尺，右边的线段表示1秒。

100英尺　　　　　　1秒

图3-19

我们可以画两根互相垂直的线，将水平线视为时间轴，将竖直线视为空间轴。我们立刻认识到可以用时空平面中的5个点来表示之前出现的"时间表"（图3-20）。

点与空间轴之间的距离表示"时间表"左边一列中标记的时间坐标，与时间轴之间的距离则表示空间坐标。

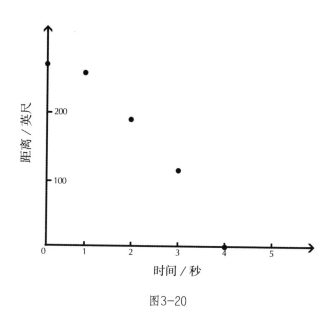

图3-20

对于同样一件事，我们采用了两种不同的描述方式，即用"时间表"和用平面上的点进行表示。每一种方式都可以用另一种方式推导出来。至于这两种描述方式应该选择哪一种，就完全看自己的喜好了，因为这两种方式实际上是等效的。

现在让我们再深入一些。设想我们有一个更加精确的"时间表"，不仅可以标出每1秒的位置，而且可以标记出每1/100秒甚至1/1000秒的位置。这样的话，我们的时空平面上就会有非常多的点。最后，如果我们标记出了所有时刻的位置，就像数学家所说的，把空间坐标表示为时间的函数，那么这些点就会变成一根连续的线。这样的话，图3-21中表示的就不再是过去那种零碎的认知，而是关于石子运动的全部认知。

对于沿着坚硬的杆（塔）的运动，即在一维空间中的运动，在二维的时空连续体中我们可以用一根曲线来表示。这个时空连续体中的每一点都对应着一组数，其中一个数是时间坐标，另一个数则是空间坐标。进而，在时空连续体中某个确定的点，对应着描述这个事件的一对数值；两个相邻的点代表着在位置上和时间上相距极近的两个事件。

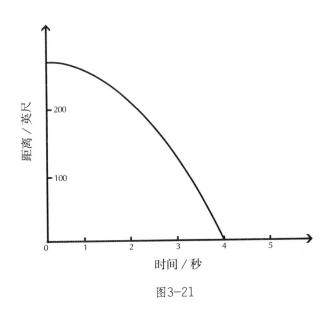

图3-21

你可能会用下述说法来反对我们的图示法：用一根线段来表示一个时间单位，把它机械地跟空间结合起来，然后从两个一维连续体变成一个二维连续体，这么做是毫无意义的。如果你对我们这里采用的方法有很多意见的话，你肯定也会反对下述图示：表示去年夏天纽约城温度变化的图示以及表示近些年来生活费用变化的图示。在所有这些例子中，我们使用的方法全都是相同的。在温度图中，我们把一维的温度连续体与一维的时间连续体进行结合，形成了二维的温度时间连续体。

接下来我们再回来谈谈粒子从256英尺的高塔上落下的问题。我们把运动过程以图的形式呈现出来是一种约定俗成的办法，并且非常有用，因为它标记了任意时刻粒子所处的位置。知道了粒子如何运动，我们就能再次画出它的运动过程。有两种不同的方式可以做到这一点。

我们还记得粒子在一维空间中随时间发生位置变化的表，我们以表的方式把运动表示为一维连续体中连续发生的一系列事件。我们并没有把时间和空间混合在一起，在该表中位置会随时间变化而变化。

我们也可以用不同的方式来画出描述相同运动的图。想一下二维时空连续体中的曲线，我们也可以画出一张静态图。现在我们表示运动时，不再使用在一维空间连续体中不断变化的东西，而是用存在于二维时空连续体中的事物。

上述表和这幅图是完全等效的，如何在它们之间进行取舍完全取决于人们的习惯和兴趣。

我们在这里谈到的关于运动的这两种表示法的所有内容都跟相对论没有什么关系，我们可以随便选择它们中的一种。当然，经典物理学家比较倾向于使用表格，因为表格把运动描述为空间中发生的事件，而不是存在于时空连续体中某种静止的东西。但是，相对论的出现使这个观点发生了改变。它立场明确地支持静态图，认为把运动表述为存在于时空连续体中某种事物的这种图示法，可以使我们更加便捷、客观地描述现实。我们还是得回答这个问题：为什么在经典物理学看来完全等效的两种图示法，从相对论的视角来看却不是等效的呢？

我们必须考虑两个相对做匀速直线运动的坐标系，才能够理解这个问题的答案。

在经典物理学看来，两个处于相对做匀速直线运动的坐标系中的观察者，在描述同一事件时，会给出不同的空间坐标，但是时间坐标是完全一样的。所以在刚刚谈到的例子中，当石子与地面接触时，我们会用选定坐标系中的时间坐标"4"和空间坐标"0"来描述这一事件。根据经典力学，相对所选坐标系做匀速直线运动的另一个坐标系中的观察者，也会观察到石子在4秒之后接触地面。但是这个观察者会把距离跟他自己所处的坐标系联系起来，所以一般而言，他会以不同的空间坐标来描述石子接触地面这一事件。不过他得到的时间坐标跟在选定的坐标系中观察所得的结果是一样的，而且所有相对做匀速直线运动的其他坐标系中的观察者得到的时间坐标也都是相同的。经典物理学只讨论所谓的"绝对时间"，它对所有的观察者而言都是同样流逝的；每个坐标系中的二维连续体都可以分解为两个一维连续体：时间和空间，因为时间是"绝对的"。在经典物理学中，把对运动的描述从"静态的"转变为"动态的"就具有客观意味了。

但是我们此前已经相信经典转换无法普遍适用于物理学。从实际出发来看，对于非常小的速度而言，它还是适用的，但是无法解决根本的物理问题。

根据相对论，对于不同的观察者而言，石子和地面接触的时间并不完全相同。在两个不同的坐标系中，时间坐标和空间坐标是不同的。另外，如果坐标系的相对运动速度接近光速的话，时间坐标的变化会非常明显。我们不能再像经典物理学那样，把二维时空连续体分为两个一维空间连续体。在确定另一个坐标系中的时空坐标时，我们绝对不能把空间和时间割裂开来观察。从相对论的视角来看，把二维时空连续体分解成两个一维空间连续体，似乎过于武断且没有客观意义。

想把我们刚刚谈到的关于运动的内容推广至非直线运动其实并不难。事实上，要想描述自然界中的现象，我们必须得用4个数，而非2个数。用物质及其运动来表示的物理空间具有3个维度，物体的位置是需要用3个数来表示的，而某一事件的时刻就是第四个数。4个确定的数对应着任何一个事件；相应地，每个确定的事件都会有4个数与之对应。因此，大量事件构成了一个四维连续体。

这也并不神秘，其实对于经典物理学和相对论来说都是一样的。但当我们同时观察两个相对做匀速直线运动的坐标系时，就会发现不同之处。设想一个处于运动状态的房间，室内和室外的观察者要确定同一个事件的时空坐标。经典物理学家还是会把四维连续体分解为三维空间和一维时间连续体。因为觉得时间是绝对的，所以他们只考虑空间的变换。因此对他们而言，把四维连续体分解为空间和时间连续体是十分自然且便捷的。但是从相对论的视角来看，从一个坐标系转换到另一个坐标系时，时间和空间都是要改变的，而洛伦兹变换考虑的就是我们所处的四维世界中的四维时空连续体的转换性质。

我们可以把所有事件描述成投射在三维空间背景上随时间变化的动态图，也可以把这些事件描述成投射在四维时空连续体背景上的静态图。从经典物理学的视角来看，这两幅图，一幅动态图，一幅静态图，是等效的。但是从相对论的视角来看，静态图要更加便捷且更加客观。

当然，如果我们愿意的话，即使在相对论中，依然可以使用动态图。不过，我们必须记住，像这样把时间和空间割裂开来并不具有客观意义，因为时间在相对论中不再是"绝对"化的了。之后我们还是会选用"动态"语言，而非"静态"语言，但必须时刻牢记它的局限性。

≫ 广义相对论

现在还有一点需要阐明。我们还有一个最基本的问题没有得到解决：惯性系是否存在呢？我们已经了解到部分自然界的定律，也明白它们对洛伦兹变换而言是不变的，并且知道在所有相对做匀速直线运动的惯性系中它们都是有效的。我们得到了这些定律，但还不知道它们适用的框架是什么。

为了使大家更了解这个问题的困难程度，我们现在采访一位经典物理学家，问他几个简单的问题。

"惯性系是什么？"

"力学定律在其中全部有效的一个坐标系就是惯性系。在这样的坐标系中，物体在不受任何外力作用时，会一直做匀速直线运动。惯性系的这种特性，可以把惯性系跟其他坐标系区别开来。"

"但是，'物体在不受任何外力作用时'这句话具体是什么意思呢？"

"这只意味着物体在惯性系中做匀速直线运动。"

在这里，我们可以再问一遍这个问题："惯性系是什么？"但是鉴于几乎不可能得到不同答案，我们不妨把这个问题改一下，看能否得到一些具体的信息。

"一个与地球紧密联系的坐标系是一个惯性系吗？"

"不是，因为地球处于转动中，严格来说力学定律在地球上并不是有效的。在解决很多问题时，我们可以把与太阳紧密联系的坐标系看作一个惯性系。但是当我们说到太阳的转动时，就会意识到从严格意义上讲，这个坐标系也不是一个惯性系。"

"那么具体来说，你说的惯性系到底是什么呢？我们又该如何确定它的运动状态呢？"

"这只是一个由假设得出的有用的概念，我也并不知道怎样才能找到这样一个坐标系。只要我能远离一切物体，且不受任何外力的影响，那么我身处的坐标系就会是惯性系。"

"但是你所说的'不受任何外力的影响，又是什么意思呢？"

"我的意思是这个坐标系是惯性的。"

于是我们再次回到了一开始提出的问题。

我们的谈话揭示出了经典物理学中存在的一个难题。我们有定律，但是不知道应该把它们放到哪一个框架下，因此整个物理学架构像是建在沙堆上一样。

我们可以用一种不同的视角来研究这个难题。设想宇宙中只存在一个物体，它构成了我们的坐标系。这个物体开始转动。根据经典力学，适用于转动物体的物理定律跟适用于不转动物体的物理定律是不一样的。如果在其中一种情况下，惯性原理是适用的，那么在另一种情况下，就不适用了。但是这听起来很让人疑惑。我们可以观察到整个宇宙中唯一存在的这个物体的运动吗？我们所说的这个物体的运动，意思是说它相对于另一个物体位置会发生改变。所以，谈论宇宙中唯一存在的物体的运动是违背常识的。在这一点上，经典物理学和我们的常识间存在着极大的矛盾。牛顿的说法是：如果惯性定律是有效的，那么这个坐标系肯定是处于运动状态或者静止状态；如果惯性定律是无效的，那么物体的运动肯定是非匀速的。所以我们对于物体运动或静止状态的判断，取决于在一个坐标系中，所有的物理定律是否都是有效的。

取两个物体，比如说太阳和地球，我们观察到的运动也是相对的，可以用与地球关联的坐标系，也可以用与太阳关联的坐标系来描述这些运动。根据这个观点，哥白尼的伟大成就在于：使观察运动所参照的坐标系从地球变为太阳。但是因为运动是相对的，且我们可以使用任何参考系，所以似乎没什么理由相信一个坐标系会比另外一个更好。

物理学再次介入并改变了我们的常识。跟与地球相关联的坐标系比起来，与太阳相关联的坐标系更像惯性系。我们应该把物理定律应用在哥白尼的坐标系中，而非托勒密的坐标系中。我们只有从物理学的视角出发，才能认识到哥白尼发现的伟大之处。它表明用与太阳紧密关联的坐标系来描述行星的运动会有非常大的优势。

在经典物理学中，不存在绝对的匀速直线运动。如果两个坐标系相对做匀速直线运动，那么说"这个坐标系处于静止状态，而另一个处于运动状态"这种话是没有意义的。但是如果两个坐标系相对做非匀速直线运动，那就完全可以说："这个物体在运动，而另一个处于静止状态（或者在做匀速直线运动）。"绝对运动在这里有了很明确的含义。在这一点上，常识和经典物理学之间存在着巨大鸿沟。前面谈到的惯性系的困难和绝对运动的困难是密切相关的。正是因为存在适用于所有自然法则的惯性系概念，绝对运动才可能实现。

似乎我们无法解决这些困难，而且似乎所有的物理学理论都无法避开它们。困难的根源在于在这种特殊的坐标系（即惯性系）中，自然定律都是有效的。是否有可能解决这些难题取决于我们对于下述问题的回答：我们能否构想在所有的坐标系（包括相对做匀速直线运动的坐标系以及相对做其他任意运动的坐标系）中都有效的物理学定律呢？如果我们可以做到，那困难就会迎刃而解。届时我们就能把自然定律应用到任意坐标系中了。这样一来，科学发展早期托勒密和哥白尼观点间的激烈冲突就会变得没有任何意义了。我们无论用什么坐标系都没有任何区别了。"太阳处于静止状态，地球处于运动状态"，或者"太阳处于运动状态，地球处于静止状态"，这两种说法这时只能说明我们习惯使用的坐标系不同而已。

我们能否形成真正的相对论物理学，让它在所有坐标系中都行之有效呢？我们能否形成只有相对运动，没有绝对运动的物理学呢？事实上，这完全是可能的！

关于如何形成这种新物理学，尽管方向并不明朗，但我们至少有迹可循。真正的相对论物理学必须适用于所有坐标系，当然惯性系这个特例也会被囊括其中。我们已经知道了惯性系适用的许多定律。适用于一切坐标系的新普遍定律，在惯性系这个特例中，必须能还原成旧的已知定律。

形成适用于所有坐标系的物理学定律这个问题，已经被所谓的广义相对论解决了。之前我们谈到的只适用于惯性系的相对论被称为狭义相对论。这两种相对论自然不会相互矛盾，因为狭义相对论中的旧定律必须被包含在适用于惯性系的普遍定律中。但之前的物理学定律都只针对惯性系这个特例，所以现在它会被视为一种特殊的极限情况。因为在广义相对论中，允许存在任何相对做任意运动的坐标系。

这是广义相对论的计划大纲，但是要描述其是怎样产生的，我们必须说得比以前更加模糊些。在科学发展过程中，我们不断遇到新困难，迫使我们的理论变得越来越抽象。前方依旧有很多未知的事情等待着我们。但是，我们的最终目的在于更好地理解实在。在结合理论和观察的逻辑链条中加入了新的连接部分。要想扫除从理论到实验这条道路上所有不必要的牵强假设，去接受范围更广的现象，我们就必须让这个链条越来越长。我们的假设变得越简单、越根本，进行推断的数学工具就越复杂，从理论到观察的道路会越长、越艰难、越复杂。尽管这些话听起来像悖论，但我们可以说：现代物理学比经典物理学更简单，因而更困难、更复杂。我们对外部世界的理解越简单，容纳的现象越多，我们的脑海中的理念就越发能够反映宇宙的和谐。

我们的新观念十分简单：形成在所有坐标系中都有效的物理学。想实现这一点会使问题更加复杂，这迫使我们使用一些之前在物理学中从未用过的数学工具。在这里我们只会谈如何实现这个预测和两个主要问题——引力及几何学之间的关系。

≫ 电梯外和电梯内

惯性定律标志着物理学史上的第一个重大进步。事实上，它也是物理学的真正开端。我们通过一个不受摩擦力或任何其他外力影响，物体会永远运动下去的理想化实验，总结出了惯性定律。我们可以从这个例子以及许多其他例子中发现利用思维创造理想化实验的重要性。现在，我们会再讨论一些理想化实验。虽然它们听起来很不切实际，但能以简单的方式帮我们尽可能多地了解相对论。

前面我们讲过一个做匀速直线运动的房间的理想化实验。这里稍做改变，就会得到一个关于下降电梯的理想化实验。

假设在一座比现实生活中高得多的摩天大楼内部有一部电梯。突然，连接电梯的钢丝绳断了，于是它开始不受限制地向地面坠落。在下降过程中，处在电梯里面的观察者正在做实验。因为这是一个理想化的实验，所以我们描述时可以忽略空气阻力或摩擦力。其中一个观察者从口袋里拿出一块手帕和一块表，然后松手让它们掉下。这两个物体会如何呢？位于电梯外面的观察者观察到，手帕和表一起以同样的加速度向地面落下。我们记得，一个下落物体的加速度跟它的质量无关，同时正是这个事实揭示了引力质量和惯性质量（p）是相等的。我们还记得，从经典力学视角来看，这两种质量的相等完全是偶然的，它在经典力学的结构中毫无作用。可是在这里，所有具有相同加速度的下落物体体现出来的这种相等是十分重要的，这也是我们所有论证的基础。

现在我们再回到下落的手帕和表上。对于电梯外的观察者而言，这两个物体以同样的加速度在降落。但与此同时，电梯也在以同样的加速度下降，所以两个物体跟地板之间的距离不会改变。对于电梯里的观察者而言，这两个物体会停在他松手时的那个位置。电梯里的观察者可以忽视引力场，因为引力场的源在他的坐标系之外。他发现在电梯内部没有任何力作用于这两个物体，所以它们处于静止状态，就和它们处在惯性系中一样。电梯中发生了奇怪的事！如果观察者朝着任意一个方向推动其中一个物体（朝上或朝下都可以），除非它碰到电梯的顶部或者底部，否则它会永远做匀速直线运动。简单来说，对于电梯内的观察者而言，经典力学的定律是有效的。所有物体的运动状态都跟惯性定律的预测一样。这个跟自由下落的电梯紧密联系起来的新坐标系跟惯性系只存在一个不同之处。在惯性系中，一个运动物体在不受任何力作用时会永远做匀速直线运动。经典物理学中所表述的惯性系是不受空间和时间限制的。但是电梯这个例子有所不同——电梯内的观察者所处的坐标系的惯性性质，是有一定空间和时间限制的。因为这个做匀速直线运动的物体迟早会碰到电梯壁，这样的话，匀速直线运动就不复存在了。而且整部电梯迟早会接触到地面，这时里面的观察者的实验就无法进行下去了。这个坐标系只是惯性系的"袖珍版"而已。

这个坐标系的部分特性十分重要。如果我们假设这个电梯的一端连着北极，一端直通赤道，同时假设我们把手帕放在北极，表放在赤道上，那么对于外面的观察者而言，这两个物体的加速度就不一样了，它们不会处于相对静止状态。我们的所有论证就崩塌了！我们必须对电梯的尺寸加以限制，这样才能够假设对于电梯外的观察者而言，一切物体的加速度都是相等的。

有了这种限制之后，电梯里的观察者所在的坐标系就具有了惯性系的特性。我们至少找到了一个坐标系，尽管在时间和空间上有一些限制，但所有的物理学定律在其中都有效。我们再设想一个坐标系，即相对于自由下落的电梯做匀速直线运动的另一部电梯，那么这两个坐标系中的部分区域都会是惯性的。所有的定律在这两个坐标系中都是一样的。遵循洛伦兹变换，一个坐标系向另一个坐标系变换。

接下来我们来看看电梯内部和外部的两个观察者是用什么方式来描述电梯里发生的事件的。

电梯外的观察者会注意到电梯的运动以及电梯内部一切物体的运动。这些运动与牛顿引力定律所预测的一致。在他看来，由于地球引力场的作用，运动并非匀速的，而是加速的。

但是对一直处于电梯内部坐标系的观察者而言，他观察到的现象跟电梯外的观察者截然不同。他相信自己拥有一个惯性系，并能把所有自然定律都联系到所在电梯上。他首先会证明，在他的坐标系中，定律都以一种特别简单的形式存在。他会很自然地认为自己所处的电梯处于静止状态，同时觉得自己所在的坐标系是惯性系。

我们不可能解决电梯内外观察者们的意见分歧。他们都可以把一切现象与自己所在的坐标系联系起来，也可以用一致的方法对所有发生的事件进行描述。

从这个例子中我们可以看出，即使在两个相对做非匀速直线运动的坐标系中，依旧有可能对这两个坐标系中的物理现象做出一致的描述。但是要进行这样的描述，我们必须把引力考虑在内。引力是连接一个坐标系和另一个坐标系的"桥梁"。对电梯外的观察者而言，引力场是存在的，但是对电梯内的观察者来说，却不存在引力场。电梯外的观察者注意到，电梯在引力场中做加速运动；电梯里的观察者认为电梯处于静止状态，引力场并不存在。引力场这个"桥梁"，让我们在两个坐标系中都能对物理现象进行描述。引力质量和惯性质量相等是这个"桥梁"的一个重要支柱。如果没有这个在经典力学中被忽视的线索，那我们现在的论述就完全行不通了。

　　现在我们再来看一个有点不同的理想化实验。假设存在一个惯性系，在其中惯性定律是有效的。此前我们已经描述过在这样一个惯性系中一部处于静止状态的电梯中发生了什么。现在，我们做一些改变。假设外面有人把一根绳子绑在了电梯顶部，按照图3-22所示的方向以一个恒力拉动电梯。至于怎样才能做到这一点并不重要。由于力学定律在这个坐标系中是有效的，故整部电梯会以一定的加速度朝上方运动。我们再来看看电梯内部和外部的观察者又是如何解读电梯里发生的现象的。

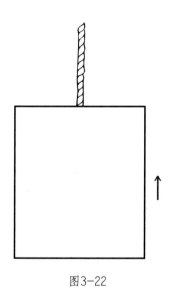

图3-22

　　电梯外的观察者："我所处的坐标系是一个惯性系。因为受到一个恒力的作用，电梯在以等加速度运动。内部的观察者在做绝对运动，对他们而言力学定律是无效的。他们不能发现在不受外力作用时，物体是处于静止状态的。如果一个物体不受外力影响，那么它会立即碰到电梯底部，因为电梯底部是朝着物体向上运动的。对于表和手帕而言，也完全如此。我觉得很奇怪的是，电梯内的观察者的脚肯定永远都会贴在电梯底部。因为即使他跳起来，电梯底部也会马上追上他的脚步。"

电梯内的观察者："我并不相信自己所处的电梯在做绝对运动。我同意，与我所处的电梯紧密联系的坐标系并不是惯性系，但是我不相信它跟绝对运动有什么关系。我的表、手帕以及一切其他物体都在下落，这是因为整部电梯都处在引力场中。我所观察到的运动跟人们在地球上所看到的完全一样，他们可以简单地通过引力场的作用来解释地球上的落体运动，对我来说也是如此。"

电梯内部和外部的观察者提供的描述都是前后一致的，不能断定谁对谁错。我们可以选择接受他们当中任何一种对电梯内现象的描述：或者赞成电梯外观察者的观点，即电梯在做非匀速直线运动，同时不存在引力场；或者赞成电梯内观察者的观点，即电梯处于静止状态，同时存在着一个引力场。

电梯外的观察者可以假定电梯是在做"绝对的"非匀速直线运动，但是对于这样一种可以通过假设引力场存在推翻的运动，我们不能把它看作绝对运动。

也许我们能避免这两种不同描述的模糊性，确定到底哪一种是对的，哪一种是错的。假设有一束光通过电梯侧面的窗口水平进入电梯，并且在极短时间内抵达对面的墙，接下来我们来看看这两个观察者会如何预测光的路径。

电梯外的观察者相信电梯在做加速运动，所以他会认为光线通过窗口进入电梯之后，会以匀速直线运动照向对面的墙。但是电梯在向上运动，从光进入电梯到抵达对面墙的这段时间内，电梯的位置已经改变，因此光线抵达对面墙的点不会与其进入电梯时的点在同一水平面上，而是会稍微低一点（图3-23）。这种差别是微乎其微的，但是它是存在的。所以相对电梯而言，光线不是沿着一条直线，而是沿着一条稍微弯曲的曲线传播的。产生这种差别的原因在于光线在电梯内部穿行时，电梯已经向上运动了一段距离。

电梯内的观察者相信电梯内的一切物体都会受到引力场的作用，所以他会认为电梯并不存在加速运动，存在的只是引力场的作用。而光束本身是没有质量的，所以它并不会受到引力场的影响。如果光束是沿着水平方向进入电梯的，那么其抵达对面墙上的点会跟入射点处于同一平面。

　　从上述讨论中我们可以看出，这两个观察者对同一现象的解释是截然不同的，所以我们似乎有可能判断出这两种观点中哪种是正确的。如果刚才谈到的两种解释都不存在任何不合理的地方，那我们之前所做的所有论证就都无效了。我们无法用两种前后一致的方法，即一种用引力场，另一种不用引力场，来描述一切现象。

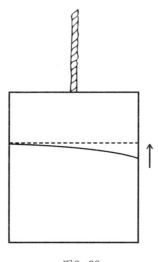

图3-23

　　但是幸运的是，电梯内的观察者的推理中存在一个重大错误，使得我们此前的结论不至于崩塌。他说道："而光束本身是没有质量的，所以它并不会受到引力场的影响。"这是错误的！光束带有能，而能是有惯性质量的。所有惯性质量都会受到引力场的吸引，因为惯性质量和重力质量是相等的。一束光在引力场中会弯曲，就像以光速水平抛出的物体的运动路径会弯曲一样。电梯内的观察者的推理要想完全正确，需要把光线在引力场中会弯曲这个现象也考虑进来。这样的话，他的观察结果就会跟电梯外的观察者的观察结果完全一样了。

要想让光线弯曲，地球的引力场是远远不够的，所以我们无法直接用实验证明光在地球引力场中会发生弯曲。但是在日食期间完成的著名实验，确切无疑地证明了（虽然是间接证明了）引力场对光线路径的影响。

从这些例子中我们可以看出，形成相对论物理学还是非常有希望的。但是要做到这一点，我们必须先解决引力问题。

我们看到在电梯的例子中，两种不同的描述前后一致。也就是说，我们既可以假设非匀速直线运动，又可以不用假设。我们可以通过引力场把绝对运动从这些例子中排除。但是这样一来，非匀速直线运动中就不存在绝对的东西了，引力场完全能够把它排除掉。

我们可以把阴魂不散的绝对运动和惯性系从物理学中驱逐出去了。新的相对论物理学出现了。我们的理想化实验已经指明了广义相对论的问题是如何跟引力问题存在密切关系的，并且指出了为什么引力质量和惯性质量相等对于这一关系是至关重要的。显然，广义相对论中关于引力问题肯定有和牛顿不同的解读。就像其他所有自然定律一样，引力定律必须适用所有可能的坐标系，但牛顿提出的经典力学定律只适用于惯性系。

≫ 几何学与实验

我们接下来要用到的这个例子可能比下落电梯的例子还要不切实际。我们必须着手处理一个新问题，即广义相对论和几何学之间的关系问题。首先我们来描述另外一个世界，不同于我们所处的这个生活着三维生物的世界，那里生活的都是二维生物。电影已经使我们习惯出现在二维屏幕上的二维生物。现在我们假设投射在屏幕上的这些人物是真实存在的，他们可以进行思考，也能够创造自己的科学，二维屏幕就是他们的几何空间。这些生物无法想象出一个具体的三维空间，就像我们无法想象出一个四维世界一样。他们能够弯曲一根直线，知道圆是什么，但是无法构造出一个球体，因为这意味着抛弃了他们的二维屏幕。我们的处境其实也颇为相似，我们能够把线和面弯曲过来，但是我们很难想象一个弯曲的三维空间。

这些影子人通过思考和实验，最后可以精通二维的欧几里得几何学知识。比如说他们可以证明三角形内角之和为180°，他们能画出两个具有共同圆心但是大小不同的圆。他们会发现，这样两个圆的周长之比等于它们的半径之比，而这正是欧几里得几何学的特点。如果屏幕可以无限大，那么这些影子人就会发现，如果沿着直线一直往前走，他们永远回不到起点。

现在我们假设这些二维生物的生存条件发生了改变——有人从外面，也就是"第三维"，把这些影子人从屏幕上搬到了一个半径极大的圆球上。如果这些影子人跟整个球面比起来是极小的，如果他们无法进行远程通信，也无法走得很远，那么他们不会感到有什么变化：一个小三角形的内角之和依旧是180°；两个同心圆的半径之比仍等于其周长之比；他们沿着直线一直往前走，同样不会回到起点。

假设随着时间的推移，这些影子人的理论知识和技术水平逐渐发展。如果他们有了交通工具，能迅速地走过很远的距离，他们就会发现，沿着一条直线一直向前走，最后会回到起点。沿着直线向前走就是沿着圆球的巨大圆周一直走。他们也会发现，具有共同中心的两个圆，如果一个半径很小，而另一个半径很大，那么两者的周长之比并不等于其半径之比。

假如这些二维生物十分保守，假如他们过去几代人所学的都是欧几里得几何学——那时他们无法走得很远，所以欧几里得几何学跟他们所观察到的情况是相符的——那么现在尽管他们发现测量存在明显误差，也会尽其所能地坚持使用这种几何学。他们可以试着用物理学来解释这些差异。他们可能想找一些物理学上的原因，比如说温度之差造成了直线的弯曲，这使得他们的测量结果跟依据欧几里得几何学得到的结果不一致了。但是终有一天，他们会发现可以用一种更加合理、更有说服力的方法来描述这些现象。他们会明白自己的世界是有限的，存在着跟原先的认知有极大差别的几何学原理。尽管他们可能无法想象到这些原理，但他们会知道，所处的世界是一个球体上的二维表面。他们很快就会学到新的几何学原理，尽管它们与欧几里得几何学原理不同，但是对二维世界而言依旧是合乎逻辑且是前后一致的。而下一代学习过圆球几何学知识的影子人会觉得欧几里得几何学似乎非常复杂而且很牵强，因为它与观察到的事实不符。

现在回到我们世界中的三维生物上来。

我们的三维空间具有欧几里得特性。这句话是什么意思呢？也就是说，所有欧几里得几何学中经由逻辑证明了的命题，都能够用实际的实验来进行验证。我们能够利用一些坚硬物体或光线造出欧几里得几何学中理想物体的实体。一把尺子的边缘或一束光都可以相当于一条线。用很细的硬杆做成的三角形，其内角和为180°。用两根细的无弹性的金属线做成的同心圆，其半径之比等于周长之比。以这种方式来验证欧几里得几何学，就成了物理学中的一章，尽管非常简单。

但是我们可以假设已经找到了矛盾所在，例如由硬杆（我们在很大程度上可以认为它们是坚硬的）做成的一个大三角形，其内角之和不是180°。因为我们已经十分习惯用坚硬物体来具体化欧几里得几何学中的物体，那么也许我们得找到一些物理力，来解释为什么我们的杆会意外地跟欧几里得几何学不相符。我们应该试着去发现这种力的物理性质，以及它对其他现象造成的影响。要想拯救欧几里得几何学，我们不得不责怪现实物体不够坚硬，无法完全对应欧几里得几何学中出现的物体。我们应该努力找到一种更好的物体，确保它在实验中的表现可以跟欧几里得几何学所预料的完全相同。如果我们无法把欧几里得几何学和物理学成功地整合到简单且前后一致的理论框架中，那么我们就得放弃我们的空间具有欧几里得特性的这种想法，同时对我们身处空间的几何性质做出更具普遍性的假设，借此形成对实在更具说服力的认知。

这一点的必要性可以体现在一个理想化的实验中。实验指出真正的相对论物理学不能基于欧几里得几何学。我们的论证会包含已知的关于惯性系和狭义相对论的结果。

假设有一个大圆盘，上面有两个同心圆，其中一个半径很小，另一个半径非常大。圆盘在快速旋转。对于圆盘外的观察者而言，圆盘是转动的。同时，圆盘内还有另一个观察者。我们进一步假设圆盘外观察者所处的坐标系是惯性系。圆盘外的观察者可以在他身处的惯性系中同样画出一大一小两个圆，这两个圆在他所处的坐标系中处于静止状态，但是跟另一个圆盘上的圆互相重合（图3-24）。因为他所处的坐标系是惯性系，所以欧几里得几何学在他所处的坐标系中是有效的，他会发现两个圆的周长之比等于其半径之比。但是圆盘内的观察者会发现什么呢？从经典物理学和狭义相对论的视角来看，他所在的坐标系是禁止使用的。但若我们想找到适用于任意坐标系的新式物理学定律，就必须同样认真对待圆盘内和圆盘外的观察者。现在我们从圆盘外面，观察圆盘内的观察者是如何通过测量来确定不停旋转圆盘上的两个圆的周长与半径的。圆盘内外的观察者使用的尺子是一模一样的。这里所说的"一模一样"，意思是完全一样，也就是说，这把尺子要么是由外面的观察者递给里面的观察者的，要么在一个坐标系中，内外观察者使用的尺子在静止状态下长度相同。

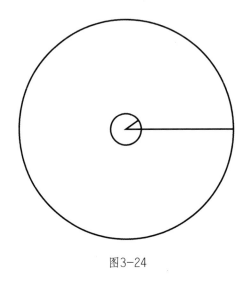

图3-24

圆盘内的观察者开始测量小圆的半径和周长，他的测量结果肯定跟圆盘外观察者的测量结果一模一样。圆盘旋转围绕的轴经过圆盘的中心，而圆盘上靠近中心的那些地方速度非常小。如果圆足够小的话，那我们就可以忽视狭义相对论，放心使用经典物理学。这意味着，圆盘内外观察者使用的尺子是完全一样的；对他们而言，两个测量结果也会是完全一样的。现在圆盘内的观察者开始测量大圆的半径。对于圆盘外的观察者而言，圆盘内放在半径上的尺子是处于运动状态的，但是因为运动的方向跟尺子长度方向垂直，所以对两个观察者而言，大圆半径的长度不会发生改变。这样，这两个观察者测量所得的三个结果——两个半径和小圆的周长都是一样的，但是第四个测量结果不同，两个观察者测量的大圆周长是不相同的。圆盘的运动方向与尺子的长度方向一致，跟相对圆盘外观察者处于静止状态的尺子比起来，其长度明显短多了。外圆的运动速度跟内圆相比大得多，所以我们必须把这种情况考虑在内。因此，如果我们用了狭义相对论的结果，我们的结论应该是：由两个观察者测量所得的大圆周长是一定不同的。鉴于两个观察者测量所得的四种长度中有一种是不相同

的，圆盘内观察者不会跟圆盘外观察者一样认为两个圆的半径之比等于其周长
之比。这就意味着，圆盘内观察者无法在他身处的坐标系中证明欧几里得几何
学的有效性。

在观察到这样的结果之后，圆盘内的观察者可能会想忽略无法适用欧几里
得几何学的坐标系。欧几里得几何学失败的原因在于绝对运动，在于它所处的
坐标系是"坏的"、被禁止的。但是在论证的过程中，观察者已经选择拒绝接
受广义相对论的主要理念。另一方面，如果我们想拒绝绝对运动的存在，同时
选择接受广义相对论的理念，那么物理学就必须要基于比欧几里得几何学更具
普遍性的几何学。如果所有的坐标系都可以使用的话，那么我们就避不开这个
结果。

广义相对论带来的变化不仅仅局限于空间方面。在狭义相对论中，所有坐
标系里都有很多处于静止状态的钟，它们是同步的，且节律相同，也就是说，
显示的时刻相同。在非惯性系中，钟会发生什么呢？这里我们会再用到之前谈
过的关于圆盘的理想化实验。在圆盘外观察者身处的惯性系中，有很多同步且
节律完全相同的"好"钟。圆盘内观察者从这些钟里取出两座，其中一座放在
小一些的内圆上，另一座放在外围大圆上。相对圆盘外的观察者而言，小圆
上钟的运动速度非常慢。由此可以断定，它的指针节律跟圆盘外观察者的钟相
同。但是跟圆盘外观察者的钟相比，大圆上的钟速度很快，它的指针节律就变
了，因此跟放在小圆上的钟比起来，节律就不一样了。这样的话，两个旋转的钟
指针运动的节律不一样，而且，通过应用狭义相对论，我们再次发现：在旋转的
坐标系中我们无法把钟安置得跟惯性系中一模一样。

为了弄清究竟能从该实验及之前的理想化实验中得出什么样的结论，这里
我们可以再次设想笃信经典物理学的古代物理学家（以下简称为"古"）和相
信广义相对论的今天的物理学家（以下简称为"今"）之间的对话。古代物理

学家是处于惯性系中的圆盘外的观察者，而今天的物理学家是处于旋转的圆盘内的观察者。

古："在你所处的坐标系中欧几里得几何学是无效的。我看到了你的测量过程，也同意在你身处的坐标系中，两个圆的周长之比不等于其半径之比。但这正好表明你的坐标系是被禁用的。我所处的坐标系是惯性系，可以安心地使用欧几里得几何学。你所在的圆盘在做绝对运动，但是从经典物理学的视角来看，它是被禁用的坐标系，力学定律在其中是无效的。"

今："我不想再听到任何关于绝对运动的东西了。我所处的坐标系和你所处的一样，是'好的'坐标系。我看到你相对于我所在的圆盘在旋转。没有人能阻止我把一切运动联系到我身处的圆盘上。"

古："但是你难道没有感到有一种奇怪的力促使你远离圆盘的中央吗？如果你身处的圆盘不是一个在快速旋转的'旋转木马'，那么你所观察到的两种情况一定不会发生。你本不会感到有力使你远离圆盘的中心，也不会感到欧几里得几何学在你身处的坐标系中是无法使用的。难道这些还不足以令你相信你所处的坐标系是在做绝对运动吗？"

今："完全不会！我当然也注意到了你所谈到的两种情况，但是我认为存在一个奇怪的引力场作用在我所处的圆盘上，这两种情况才得以出现。这个引力场的作用方向朝向圆盘外部，所以导致了硬杆的变形以及钟运动节律的变化。引力场、非欧几里得几何学、节律不同的钟，这些东西在我看来是紧密相关的。在接受任何坐标系的同时，我必须假定存在着一个引力场，同时它会对硬杆和钟造成影响。"

古："但是你意识到了广义相对论造成的困难吗？我想用一个非常简单的非物理学例子来阐明我的观点。假设存在一个由很多互相垂直的东西向和南北向街道组成的理想化美国城镇，各个方向上街道之间的距离始终是一样的。如果这些假设都可以实现，那么街道围成的小区面积都会一样大。这样的话，我就可以十分容易地标记任何一个区域的位置。但若没有欧几里得几何学，这样进行划分是根本不可能实现的。然而我们无法用这样一个理想化的美国城镇把整个地球都囊括进来。只要看一下地球的形状，你就能马上意识到这一点了。同时我们也不能把你所在的圆盘用这样一种'美国式城镇构图'进行表示，因为你说过你所在坐标系中的杆已经因为引力场的作用发生了变形。你无法证明关于半径和周长之比相等的欧几里得定理，这一事实清楚地表明：如果你想把这样的街道图带到足够远的地方，迟早会遇到麻烦，而且你会看到在你所处的圆盘上是无法这样构图的。你所处旋转圆盘上的几何图形很像是曲面上的几何图形，但是在面积很大的曲面上，是不可能出现这样的街道图结构的（图3-25）。我们再来看一个物理学方面的例子。取一个热度不均匀的平面，该平面上各个部分的温度不同。你能够用受热就会变长的小铁棍，做出我之前所描述的那种'平行—垂直'的图吗？当然是不可能的！你所说的引力场对杆所起的作用，和温度改变对小铁棍所起的作用是一样的。"

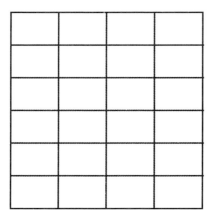

图3-25

今："这些东西并不会让我望而却步。街道图是用来确定某个点的位置的，钟是用来确定事件发生顺序的，但城镇本身不一定非得是美国式的，它同样可以是古欧洲式的。你所设想的理想化城市是用塑性材料建造的，它会发生变形。变形之后尽管街道本身不再笔直，彼此之间距离也不相等了，但是我依旧可以辨认出各个区域和街道（图3-26）。同样，地球虽然不是理想状态下的'美国城镇'的构造，但我也能够用经纬度来标记点的位置。"

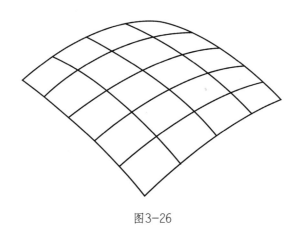

图3-26

古："但我还看到了一个困难。你其实是别无选择才使用了'欧洲式城镇构图'。我同意你能够标记出点或者事件的顺序，但是这种构图法会导致所有对距离的测量都含糊不清。它无法像我采用的构图法那样，为你提供空间的度量性质。举个例子，我知道在我的美国式城镇中，走过10个区域所经过的距离等于走过两遍5个区域经过的距离。因为我知道所有的区域都是一模一样的，所以就能立刻确定距离。"

今："这倒没错。在我的'欧洲式城镇构图'中，因为各个区域已经变形了，所以我无法直接通过区域的数目来确定距离。我必须得知道更多，比如我的城市构图的表面几何性质。所有人都知道，赤道上经度0°至10°的距离，跟北极附近经度0°到10°的距离是不一样的。但是所有航海员都知道如何去确定地球上这样两点之间的距离，因为他们知道地球表面的几何性质。他们可以根据球面三角学的知识来进行计算，或者可以通过做实验，即以同样的速度驾驶船只驶过这两段距离这种方式来进行计算。在你的例子中，这个问题是无关紧要的，因为各条街道间的距离都是一样的。但是在地球这个例子中，情况就要复杂得多，0°与10°两根经线在地球两极处相遇，但是在赤道上相距最远。在我的'欧洲式城镇构图'中也是如此，我必须比你在'美国式城镇构图'中多了解一些东西，才能确定距离。我可以在各类具体情况下研究我的连续体的几何性质，不断增加我对它的了解。"

古："但是所有这些都表明，以一个十分复杂的框架取代欧几里得几何学这样的简单结构，是极其不便且复杂的。这难道真的是必需的吗？"

今："假如我们不去考虑神秘莫测的惯性系，而想把我们的物理学应用到任何坐标系中，我想恐怕必须要选用这种做法。我承认我所用的数学工具比你的更加复杂，但是我的物理学假设要简单得多，同时更加真实。"

这个讨论只限于二维连续体。在广义相对论中存在争论的问题更加复杂，因为那里不是二维而是四维时空连续体。不过理念还是和二维空间例子中的大体一样。在广义相对论中，我们无法像在狭义相对论中那样使用由平行和垂直的杆构成的力学框架以及同步的钟。在任意一个坐标系中，我们都无法像在狭义相对论的惯性系中那样，通过使用硬杆以及节律相同并且同步的钟来确定某个事件发生的地点和时间。我们还可以继续用非欧几里得性质的杆和节律不同的钟来确定事件顺序，但是如果想用坚硬的杆和节律完全相同的同步的钟来进行一些实际实验，就只能在局部惯性系中进行。在这种坐标系中，整个狭义相对论都是有效的。但是我们的"好的"坐标系只是局部的，它的惯性特质存在着时空上的限制。甚至在任意坐标系中，我们都能够预测在局部惯性系中测量

的结果。但是要想做到这一点，我们就必须知道自己所处的时空连续体的几何
性质。

我们的理想化实验只表明了新的相对论物理学的一般性质。这些实验告诉
我们，根本问题在于引力问题。同时它们还表明，通过使用广义相对论，我们
可以对时间和空间的概念做进一步归纳推广。

≫ 广义相对论及其验证

广义相对论试图形成适用于所有坐标系的物理学定律。广义相对论的根本
问题是引力问题。自牛顿时代以来，这个理论第一次对引力定律提出了修正。
这真的是必需的吗？我们早就看到了牛顿理论取得的伟大成就。基于他的引力
定律，天文学也实现了巨大发展。到目前为止，牛顿定律依旧是一切天文计算
的基础。但是我们之前也看到了一些有关这个旧理论的争议。牛顿定律只在经
典物理学的惯性系中有效，而我们知道惯性系成立的条件就是其中所有力学定
律都是有效的。两个质量之间的力取决于两者之间的距离。我们也知道对于经
典转换而言，力和距离之间的关系是不变的。但是这个定律与狭义相对论的框
架格格不入。对于洛伦兹变换而言，距离并不是不变的。我们已经成功地总结
了运动定律并将其应用到狭义相对论上了，同样我们也应该想办法对引力定律
进行归纳推广，使之能够适用于狭义相对论，或者换句话说，使这样的引力定
律对于洛伦兹变换而言是不变的，而非对经典转换不变。但是牛顿引力定律一
直都在破坏我们想通过各种简化使之适用于狭义相对论的努力。即使在这方面
取得了成功，我们依旧需要进一步努力，即能够从狭义相对论的惯性系过渡到
广义相对论的任意坐标系。另一方面，下落电梯的理想化实验清楚地表明，除

非能够解决引力问题，否则我们根本不可能建立广义相对论。从以上的论证中我们可以看出，为什么在经典物理学中和在广义相对论中引力问题有不同的处理办法。

我们曾试着阐明推导出广义相对论的方式以及不得不再次改变旧观点的理由。在这里我们不再论述这个理论的正式结构，只列出跟旧理论相比，新的引力理论有什么特点。做上述论述之后，搞清楚这些差异的本质应该也不会特别困难。

①广义相对论的引力方程可以在任何坐标系中应用，在特殊情况下选择某一个具体的坐标系只是为了方便罢了。从理论上讲，所有的坐标系都是可以使用的。如果忽视引力的话，我们会自动回到狭义相对论的惯性系中。

②牛顿的引力定律把此时此地某个物体的运动和与此同时在极远处的另一物体的作用联系到了一起。这就是构成整个机械观范式的定律，但是机械观崩塌了。在麦克斯韦方程组中，我们看到了一个关于自然定律的新范式。麦克斯韦方程组是结构定律，它把此时此地所发生的事件与其周围稍后发生的事件联系了起来。其是描述电磁场变化的定律。我们的新引力方程也是一种结构定律，它描述的是引力场的变化。简单来说，我们可以说：从牛顿的引力定律过渡到广义相对论，就像是从库仑定律的电流体理论过渡到麦克斯韦理论。

③我们的世界并不是欧几里得性的。我们世界的几何学性质是由其质量及速度塑造的。广义相对论的引力方程就是要揭示我们所处世界的几何学性质。

我们暂且假设已经成功地验证了广义相对论的预测，验证结果与预测一致，但是我们的猜测是否离实际情况太远了呢？我们知道应用旧理论能够很好地解释天文观测，我们是否有可能在新理论和天文观测之间建立一座桥梁呢？我们所有的猜想都必须通过实验来进行验证，对于实验得出的任何结果，不管其是否具有吸引力，如果与实际情况不符的话，我们都必须放弃。这个新的引力理论是如何经受住实验验证的呢？我们用一句话就可以回答这个问题：旧理论是新理论一种特殊的极限情况。假如引力相对而言比较弱，那么旧的牛顿定律所得的结果就会跟新引力定律所得的结果十分相近。因此支持旧理论的所有观察也都同样支持广义相对论。我们应用更高水平的新理论能够再次得到旧理论。

即便我们无法引用另外的观察结果来支持新理论，如果新理论提供的解释跟旧理论的效果相当，那么让我们从两种理论中选择一种的话，也应该选择新理论。尽管从形式上来看新理论的方程要复杂得多，但是从基本原理角度看，它要比旧理论简单很多。那两个可怕的阴魂——绝对时间和惯性系就消失了。引力质量与惯性质量相等的线索也没有被忽视。我们也不需要再做任何关于引力与距离之间关系的假设了。引力方程具有结构定律的形式，而这样的形式是自从场论取得伟大成就以来，所有物理学定律都需要的。

我们可以从新的引力定律中推导出一些牛顿引力定律中没有包含的新结论。我们此前已经引用了一个推论，即引力场中光线会弯曲。现在会提到另外两个推论。

如果引力较弱时旧定律符合新定律，那么只有在引力较强的时候我们才能发现牛顿引力定律跟新定律间的偏差。以太阳系为例，包括地球在内的所有行星都沿着椭圆轨道围绕太阳运动。水星是距离太阳最近的行星。因为距离最近，所以太阳与水星之间的引力比太阳与其他任何行星之间的引力都要大。假如在太阳系中真的有可能发现牛顿定律与新定律出现的偏差，则其大概率存在于太阳和水星之间的运动中。根据经典理论，水星的运动轨道跟其他任何行星并没有什么不同之处，只不过它距离太阳最近。在广义相对论看来，它的运动应该存在细微的不同。水星不仅要围绕太阳转动，而且它运动形成的椭圆轨道也应该相对与太阳相关联的坐标系缓慢转动。椭圆轨道的这种转动体现了广义相对论的新作用。新理论还预测了这个作用的具体数值，水星的椭圆轨道要300万年才能完全旋转一周（图3-27）。我们可以看出这种作用非常小，所以在其他与太阳相距更远的行星中发现这种作用几乎没什么希望了。在广义相对论提出以前，人们已经发现水星的运动轨道并非一个完美的椭圆形，但是无法对此进行解释。另一方面，在广义相对论的发展过程中人们也没有特别关注过这个特殊问题。直到后来我们才得到行星以椭圆形轨道围绕太阳运动的结论，这个结论是从新的引力方程中推导得到的。在水星的例子中，理论成功地解释了水星运动与牛顿定律设想间存在的偏差。

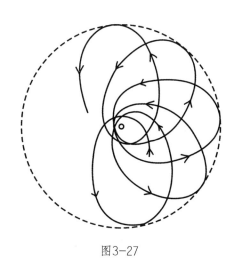

图3-27

但是还有另外一个从广义相对论中推导得出的结论，它同时跟实验结果进行了对比。通过此前的讨论，我们已经知道在一个转动的圆盘上，放在大圆上的钟和放在小圆上的钟节律不同。同样，由相对论我们可以得出，放在太阳上的钟跟放在地球上的钟节律不同，因为引力场在太阳上产生的影响要比在地球上大得多。

此前我们提过，钠在炽热发光时散发的是单色黄光（第二章第六节"颜色之谜"）。在这种辐射中，我们可以看到原子展现出了它的一种节律。如果我们把原子看作钟，那么原子发射的波的波长就相当于钟的指针运动节律。根据广义相对论，放在太阳上的钠原子发射的光的波长应该比放在地球上钠原子发射的光的波长稍微长一点。

通过观察来检验广义相对论产生的结果存在很复杂的问题，并且还没有确切的答案。因为我们考虑的是主要的理念，所以不想在这个问题上再进行深入探讨。我们只能说到目前为止，实验的结果似乎能够证实由广义相对论推导出的结论。

>> 场和物质

我们此前已经看到了机械观崩塌的过程和原因。使用无法改变的粒子之间存在简单作用力的假设不足以支持我们解释所有现象。我们一开始想摆脱机械观的局限，在电磁现象领域引入了场的概念，这被证明是非常成功的。我们形成了电磁场的结构定律，它把时空上相距极近的事件联系了起来。这些定律适用于狭义相对论的框架，因为相对于洛伦兹变换而言，它们是不变的。后来广义相对论又形成了引力定律，这也是描述物质粒子之间引力场的结构定律。就像广义相对论的引力定律一样，我们很容易就能将麦克斯韦方程组进行归纳推广后应用到任何坐标系中。

存在着两种实在：**物质和场**。毫无疑问，现在我们无法像19世纪初期的物理学家一样，假设整个物理学建立在物质的概念之上。我们暂时选择同时接受物质和场两个概念。我们能认为它们是两种截然不同的实在吗？取一小粒物质，我们很容易设想该物质有一个确定的表面，在其表面没有物质存在，但它的引力场出现了。在我们的设想中，场定律有效的区域和物质存在的区域突然分开。但是把物质和场区分开的物理学标准是什么呢？在我们学习相对论之前，可以做出以下回答：物质有质量，但是场是没有质量的；场代表能，物质代表质量。但是在学习到更多知识之后，我们知道这样的回答还不够。从相对论视角来看，我们知道物质中存储着大量的能，而能又代表物质。我们无法以此方式定性地将物质和场区分开来，因为物质和场的区别并不是定性的。尽管绝大部分的能都集中在物质上，但是围绕粒子的场也代表能，只不过极小而已。因此我们可以说：物质是能量密度特别高的地方，而场是能量密度低的地方。但如果是这样的话，那么物质和场的区别就是定量而非定性的了。把物质和场看作两种性质截然不同的东西是没有意义的，我们无法假设一个可以明确地把场和物质割裂开来的界面。

带电体与它的场之间也存在着同样的困难，我们似乎无法找到一个明显的定性标准，来分辨物质和场或者带电体和场。

我们的结构定律，即麦克斯韦定律和引力定律，在能量密度极高的地方崩塌了；或者说，在场源（也就是带电体或物质存在的地方），上述两个定律是无效的。但我们是否可以对方程做一点调整，使其在任何地方都有效，甚至在能量密度极高的地方也有效呢？

物理学不能只建立在物质的概念上。在意识到质量和能相当之后，我们得出物质和场的概念明显有点牵强，而且它们的定义也不太清晰，难道我们不能放弃物质的概念，建立起纯粹的场物理学吗？我们的感官对于物质的认识就是大量的能集中在相对而言较小的空间内而已，不过我们也可以把物质视作空间中场极强的区域，采用这种方式的话，就可以形成一个新的哲学背景，最终目的是要利用一些在任何时候、任何地方都有效的结构定律来解释自然界中的一切现象。从这种观点出发，扔出去的一个石子就是一个在不停变化的场，在这个不断变化的场中，场强最大时的状态是石子以一定的速度在空间中穿行。在这种新的物理学理念中，物质和场不能同时存在，场才是唯一的实在。这个新发现从以下内容中得到了启发：场物理学取得了巨大成就，我们成功地用结构定律的形式表示了电、磁以及引力定律，我们认识到质量和能是相当的。我们面临的最终问题是改变场的定律，使其能够在能量密度极高的地方也适用。

但是迄今为止我们还没能成功地实现这个预测，这个理论也尚不能令人信服，其能否成立，需要等未来物理学再发展才能做出判断。目前在所有实际的理论解释中，我们还是得假设两种实在：场和物质。

根本问题依旧摆在我们面前：我们知道所有物质都是由少数几种粒子组成的，这些基本粒子是如何构成各种各样物质的呢？这些基本粒子跟场之间是怎样相互作用的呢？为了寻求这些问题的答案，我们在物理学中引入了新的理念，即量子论。

结语：

物理学中出现了一个新概念，它也是自牛顿时代以来最重大的发明：场。我们需要极强的科学想象力，才能够认识到描述物理现象时，最重要的并非带电体，也非粒子，而是存在于带电体和粒子之间的空间中的场。场的概念已被证明是非常成功的，这个概念引出了用以描述电磁场结构和解释电、光现象的麦克斯韦方程组。

相对论起源于场的问题。旧理论中存在的矛盾和不一致，促使我们把新的特性归于自然界中一切现象发生的场所，即时空连续体。

相对论的发展分为两个阶段。第一阶段产生了狭义相对论，但它只适用于惯性系，也就是说，它只适用于可以使牛顿惯性定律有效的坐标系。狭义相对论的创立基于两个基本假设：在所有相对做匀速直线运动的坐标系中，所适用的物理定律都相同；光速的值永远恒定。从这两个由实验证实的假设条件中，我们推导出了运动的杆和钟具有长度和节律分别随速度变化的性质。相对论改变了以往的力学定律，如果运动粒子的速度接近光速，那么旧定律就失效了。此外，相对论提出的关于运动物体的新定律也得到了实验验证。相对论（狭义）得出的另一个结论是质量和能之间存在关系——质量与能相当，能也有质量，因此相对论将质量守恒和能量守恒两个定律合二为一，变成了质能守恒定律。

广义相对论更加深入地分析了时空连续体，这个理论的有效性不再仅限于惯性系。该理论攻击了引力问题，同时形成了新的引力场结构定律，促使我们去分析几何学在描述客观世界时发挥的作用。经典力学认为引力质量和惯性质量的相等仅是个偶然事件，但是新的引力场结构定律认为它们相等有至关重要的意义。广义相对论的实验结果与经典力学的实验结果只存在很微小的差别，凡是能够进行对比之处，它们都经得起实验的检验，但广义相对论的好处在于它具有内在一致性以及基本假设的简洁性。

相对论强调了场概念在物理学中的重要性，但到目前为止我们还无法成功地建立起纯粹的场物理学理论，所以现在我们仍然需要假定场和物质同时存在。

Chapter

第四章

04

量　子

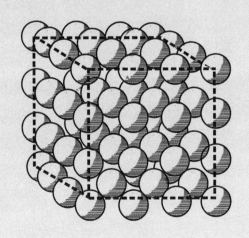

连续性、不连续性……物质和电的基本量子……光量子……光谱……物质波……概率波……物理学与实在

» 连续性、不连续性

假如我们面前放着一张纽约市及其周边乡村的地图。如果有人问，坐火车的话，人们可以抵达地图上的哪些地点呢？通过火车行车表，我们就能够看到这些地点，之后可把它们标示在地图上。现在我们来换一个问题：坐汽车的话，人们可以抵达地图上哪些地点呢？如果我们把所有连接纽约的公路都在图上用线条标示出来，那么事实上，我们乘坐汽车可以抵达这些道路上的任何一点。在两种情况下，我们获得了不同点的集合。在第一种情况下，这些点是隔开的，分别代表不同的火车站；而在第二种情况下，这些点沿线分布，汇集成线后代表的是不同的公路。我们下个问题是纽约到这些点的距离，或者更严谨地说，是城市中某一点到这些点的距离。在第一种情况下，一些数值会对应地图上的点。这些数值的变化不存在规律，但是它们总是有限且跳跃的。我们可以说，这些从纽约坐火车可以抵达的点之间的距离，只能以一种不连续的方式进行变化。但是那些乘坐汽车可以抵达的地点之间的距离可以用任意小的线段来标示它们的变化，且这种变化能以一种**连续**的方式进行。在汽车的例子中，距离的变化可以是任意大小，在火车的例子中却不是。

煤矿的产出也可以按连续的方式变化。产煤量可以按一个任意大小的量增加或减少。但是在矿场工作的矿工数目只能以不连续的方式变化。"从昨天起，矿工数目增加了3.783个"，这句话是没有任何意义的。

如果问一个人口袋里装了多少钱，他可能会告诉你一个带有两位小数的数字。钱的总数的变化只能是不连续、跳跃性的。在美国，允许使用的最小货币单位是1美分。使用我们之后要用到的表达，我们可以说美元的"基本量子"是1美分。英国货币的基本量子是法新（farthing，英国旧铜币名），它的价值是美元基本量子的一半。现在我们就看到了一个关于两种基本量子的例子，并且两种基本量子的价值是可比较的。这两个价值之间的比例关系是确定的，因为其中一量子的价值是另一种的2倍。

我们可以说一些量的变化是连续的，而另外一些量的变化只能是不连续的。当这些量变化的单位无法进一步缩小时，无法再分割的单位就被称为某一种量的**基本量子**。

假设我们为大量的沙称重，忽略它十分明显的颗粒式结构，假定它的质量变化是连续的。如果沙变得非常珍贵，同时我们所用的秤十分灵敏，我们就得去考虑沙子质量的变化是一粒沙质量的多少倍。一粒沙的质量，就是我们所说的基本量子。从这个例子中我们可以看出，随着测量仪器精确度的不断增加，之前我们认为是连续变化的量，现在可以检测出来它们实际上是不连续的。

如果想要用一句话来概括量子论的基本理念，我们可以说：**必须假定至今被认为具备连续性特点的一些物理量是由基本量子组成的。**

量子论所涵盖的现象范围非常广泛，我们通过高度发达的现代实验技术也已经发现了这些现象。鉴于无法展示或者描述这些基本实验，我们时常会直接引用它们的结果但不会详谈，因为我们的目的只是解释这些实验背后的基本理念。

» 物质和电的基本量子

在运动论所描述的关于物质的现象中，所有元素都以分子形式存在。我们来举一个最简单的例子，以最轻的元素氢为例，我们此前已经看到（第一章第十节"物质运动论"），布朗运动的研究确定出了一个氢分子的质量，它的值为3.3×10^{-24}克。

这意味着其质量是不连续的。氢质量的变化的最小单位为一个氢分子的质量。但是化学过程表明，氢分子可以分解成两部分，或者换句话说，氢分子由两个原子组成。在化学过程中，扮演基本量子角色的是原子，而非分子。用上面的数值除以2，我们就得到了氢原子的质量，它近似于1.7×10^{-24}克。

质量是不连续的量。但是，在确定物体质量时，我们不必考虑这一点。即使最灵敏的秤，也远远不可能精确到能检测出质量变化的不连续性。

现在我们回头看一些十分熟悉的现象。将一根金属导线连接到电源上，电流就会通过导线从高电势流向低电势。我们之前用十分简单的电流体在导线上流动的理论解释了很多实验现象。我们也还记得，至于到底是正的电流体从高电势流向低电势，还是负的电流体从低电势流向高电势，只不过是一个约定俗成的说法罢了。现在我们暂时抛开场的概念带来的所有进展（参见第二章第一节"两种电流体"）。在想到电流体这样一个简单术语时，我们还有一些问题没有得到解决。"流体"，顾名思义，之前人们一直认为电是连续的量。根据旧观点，电荷数量可以按任意大小的单位变化，也不必假设存在基本电量子。物质运动论所取得的成就让我们看到了一个新问题，电流体基本量子是否存在？另一个需要解决的问题是，电流是由正电流体流动、负电流体流动，还是两者一起流动形成的呢？

回答这个问题的所有实验理念都把电流体和导线分割开来，让电流体在真空中流动，割裂它与物质间的联系，而后再去研究它的特性。只有在这样的条件下，我们才能清晰地看到它们的特性。19世纪末期，出现了很多类似实验。在解释这些实验安排之前，至少我们应该先引用其中某一个实验的结果——流经金属导线的电流体是负的,所以它的流动方向是从低电势流向高电势。如果我们一开始在建立电流体理论时就知道这一点的话,肯定会把用词换一下,比如把橡胶棒上的电荷叫作正电荷,而把玻璃棒上的电荷叫作负电荷。之后把流经导线的电流体视为正电流体就便捷多了。但是鉴于我们一开始的猜测是错误的,现在也只能忍受这种不便了。下一个重要问题是:这种负的电流体的结构是不是"粒状的"?它是否是由电量子组成的?许多互相独立的实验表明,毫无疑问,这种负的电流体的基本量子是存在的。负的电流体是由颗粒组成的,这就像沙滩由沙粒组成或者房子由砖砌成一样。大约40年前,汤姆森(J. J. Thomson)清楚地得出了这个结果。负电流体的基本量子被称为电子,因此所有负电荷都是由很多以电子为代表的基本电荷组成的。负电荷和质量一样,它的变化也是不连续的。但是因为基本电荷非常小,所以在很多研究中我们可以把电荷视作连续的,有时候这样会方便些。这样一来,原子和电子理论在科学中引入了只能发生跳跃性变化的不连续的物理量。

假设有两块平行放置的金属板,其中一块板带正电荷,而另一块带负电荷,抽走周围所有的空气。如果我们在这两块金属板之间放上一个带正电荷的测试体,那么它会受到带正电荷的金属板的排斥力,同时会受到带负电荷的金属板的吸引力。这样的话,如图4-1所示,电场的力线会从带正电荷的金属板指向带负电荷的金属板,作用在带负电荷测试体上的力线方向则会完全相反。如果金属板足够大,那么两块金属板之间任何地方的电场线密度都会是一样的。无论测试体放在什么位置,它受到的力以及力线的密度都会完全相同。放在两块金属板之间任何位置的电子,会像地球引力场中的雨滴一样,彼此平行地从带负电荷的金属板朝带正电荷的金属板方向运动。已经有非常多著名的实验可以将很多电子放入这样一个使电子朝同一方向运动的电场中。一种最简单的方法就是在带电金属板之间放入一根加热过的金属导线。加热过的金属导线会发射出电子，而这些电子之后会受到外电场力线的影响沿力线方向运动。举个大家都很熟悉的例子，电子管就是基于这个原理制造出来的。

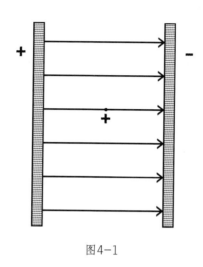

图4-1

许多具有独创性的实验已经研究过电子束在不同的外电场和外磁场中轨道的改变。甚至我们已经可以把单个电子分离出来，进而确定它的基本电荷和质量，质量是指电子对外力作用产生的惯性抵抗力。这里我们只引用一个电子质量的数值，它大约是氢原子质量的1/2000。这样看来，虽然氢原子的质量已经非常小了，但是跟电子的质量相比，就显得很大了。从统一场论的视角来看，电子的全部质量，或者说它的全部能，就是它的场能。大部分场能的强度集中在极小的一个球体范围内，而离电子"中心"较远的地方，场能会很弱。

之前我们讲过，任何一种元素的原子就是其最小的基本量子。在过去很长一段时间内，人们都相信这种论述是正确的。但是，现在情况不一样了！随着科学技术的发展，新的观点出现了，揭露了旧观点的局限性。在物理学中，很少有比"原子具有复杂结构"这一点更加完善的论述了。首先我们认识到负电流体的基本量子——电子也是原子的组成部分，是构成所有物质的基本板块之一。上文我们引用了加热过的金属导线发射电子这个例子，它不过是无数个从物质中提取粒子的一个例子罢了。毫无疑问，这个把物质结构问题和电的结构问题紧密联系起来的结果，是经过许多独立实验验证过的。

我们能以加热的方式，从原子中提取出一些组成原子的电子，这相对而言是比较容易的，就像上文中加热金属导线的例子一样。当然，我们也可以用其他方式，比如说用其他电子轰击原子。

假设将一根极薄、炽热的金属导线插入到稀薄的氢气中，金属导线将会朝着所有方向发射电子。在外电场的作用下，这些电子会获得一定的速度。电子会像在引力场中下落的石子一样加速。通过使用这种方法，我们就可以得到一束朝着确定方向且以确定速度运动的电子。今天，我们已经能通过把电子放到作用力极强的电场中，使电子的速度接近于光速。那么，当速度确定的电子束打在稀薄的氢气分子上时，会发生什么事情呢？如果电子速度足够快的话，那么它不仅可以将氢分子分裂为两个氢原子，还能从这些原子中提取出一个电子。

如果我们接受电子是物质的组成成分这种观点，那么原子中的一个电子被提取出来之后，即使它之前是电中性的，现在也不可能是了，因为它缺少了一个基本电荷，剩下的应该是正电荷。而且，由于电子的质量远远小于最轻的原子质量，故我们可以放心地得出结论：原子的绝大部分质量不是来自电子，而是来自其余基本粒子，其要比电子重得多。我们把这个占原子质量较多的部分称为**原子核**。

现代实验物理学已经掌握了分裂原子核、把一种元素的原子变成另一种元素的原子以及把组成原子核的更大质量基本粒子从原子核中提取出来的方法。在"核子物理"这一物理学分支中，卢瑟福（Rutherford）做出了巨大的贡献。从实验的视角来看，这部分是最有意义的。但是目前我们还没有建立起一种能将核子物理领域内的大量事实联系起来，同时其基本理念十分简单的理论。鉴于本书重点讨论的是一般的物理学理念，尽管这一分支在现代物理学中十分重要，我们在本书中还是会省略这些内容。

≫ 光量子

我们现在来想象一面沿着海岸修建的墙。海浪不断地冲击墙壁，海浪的每一次冲击都会带走墙壁表面的一些物质，然后这一波海浪退去，下一波海浪再袭来。墙壁的质量在逐渐减小。我们可以问，比如说，一年时间内有多少墙壁表面物质会被冲走呢？现在我们来假设另一个过程，用一种不同的方法来使墙壁减少相同的质量。我们对着墙壁射击，被子弹射击到的地方就会剥落，墙壁的质量就会减小。我们完全可以设想，用这样两种不同的方式可以使墙壁质量减小的量完全相等。但是从墙壁外观上，我们可以轻易看出墙壁究竟是被连续的海浪袭击的还是被不连续的子弹射击的。为了更好地理解下面我们马上要描述的现象，我们要记住海浪和子弹雨之间的区别。

之前我们谈到过，加热后的金属导线会发射出电子。现在我们来介绍另外一种从金属中提取电子的方式。取一种单色光，例如紫光，其波长是确定的，然后用它照射金属表面，这样光就可以从金属中提取出电子。电子被从金属中提取出来后，会以某一确定的速度运动。从能量原则角度来看，我们可以说：部分光的能量转化成了被提取出来电子的动能。应用现代实验技术，我们已经能够记录这些电子"子弹"，并确定它们的速度及能量。我们把这种光照射在金属上提取出电子的现象叫作**光电效应**。

我们的出发点是探讨一定强度的单色光波的作用。就像在其他所有实验中一样，现在我们要改变一下实验安排，看看是否会对观察到的现象产生影响。

首先，我们改变照射在金属表面的单色紫光的强度，并观察被提取出来的电子的能量在多大程度上取决于光的强度。现在我们不用实验，通过推理来找到答案。我们可以认为：在光电效应中，辐射能量中某一确定的部分转变成了电子的动能。现在如果我们用波长相同但是光源更强的光来照射金属表面，这样提取出来的电子能量应该会更大，因为辐射能量增加了。由此我们可以预测：如果光的强度增加，那么提取出来的电子的速度也会增加。但是，实验结果推翻了我们的预测。我们再次看到，自然规律并不一定会像我们设想的那样。我们遇到了一个可以推翻先前预测的实验，它同时推翻了预测所依据的理论。从波动说的观点来看，实验的结果令人震惊。我们所观察到的电子速度相同，能量也相同。也就是说，电子的速度和能量并不会随着光的强度增加而增加。

我们使用波动说无法准确预测实验的结果，于是当旧理论和实验结果出现冲突之后，又兴起了一种新理论。

现在我们故意轻视波动说，无视它取得的巨大成就，也无视它对在极小障碍物附近光线会弯曲现象的完美解释。现在我们把注意力集中在光电效应上，要求波动说对这个现象做出充分解释。显然，我们无法依据波动说推断出光照射在金属表面提取出的电子能量和光强度无关的原因。我们应该尝试一下其他理论。牛顿的微粒说成功地解释了许多观察到的光学现象，但是它无法解释光的弯曲，不过现在我们选择忽视这个缺陷。牛顿所处的时代并没有能量概念。根据牛顿的观点，光微粒是没有质量的，而且每种颜色都保持着自己的物质特性。后来，能量的概念出现了，人们也认识到了光是有能量的，但是并没有人想到要将这些概念用于光的微粒说。牛顿的微粒说理论宣告失败之后，一直到20世纪，才真正有人开始考虑复兴这个理论。

为了保留牛顿微粒说理论的基本理念，我们必须假定单色光是由能量粒子组成的。我们要用光量子（或者说光子）来取代旧的光微粒，其作为能量的组成部分，以光速在真空中传播。牛顿微粒说理论以这样的新形式得以复兴，后发展成为光量子论。不仅物质和电荷是微粒结构，辐射的能量也是微粒结构，也就是说它是由光量子组成的。除了物质量子和电量子以外，还存在着能量量子。

20世纪初，普朗克（Planck）为了解释一些比光电效应更复杂的现象，首次提出了能量量子的理念。相比其他现象，光电效应更加清晰、简单地表明了改变旧概念的必要性。

我们马上就能看到，光量子论可以解释光电效应。光子落到金属板上，在这里辐射和物质之间的作用是由光子撞击原子，从中提取出电子等诸多单一进程组成的。这些单一进程都是类似的，而在所有情况中，提取出来的电子的能量是相同的。我们也明白如果用新语言进行表述的话，增加光的强度就意味着落下的光子数会增加。在这种情况下，金属板上就会有更多的电子被提取出来，但是其中单个电子的能量并不会发生改变。因此，我们看到这个理论与观察结果完全契合。

如果这次我们不用紫色光，而是用另外一种颜色的单色光，比如红光，照射金属表面，那会发生什么情况呢？还是用实验来回答这个问题吧。我们必须测量出红光提取出的电子能量，同时与紫光提取出的电子能量进行比较。结果表明，红光提取出的电子能量要小于紫光提取出的电子能量。这就意味着不同颜色光的光子能量不同。红光的光子能量是紫光光子能量的一半。或者更严格地说，单色光的光子能量跟波长成反比。这是能量量子和电量子之间的一个重大区别。不同波长对应着不同的光子，但是电量子始终是一样的。如果用我们之前用到的类比，我们可以把光子比作最小的钱币量子，而各个国家最小的钱币量子是不同的。

我们继续抛开光的波动说，假设光是微粒结构，它由光量子，也就是以光速在空间传播的光子，组成。在我们新的假设中，光就是由很多光子组成的，而光子就是光能的基本量子。但是如果我们选择放弃波动说的话，波长的概念也就不复存在了。那么，有什么新的概念可以取而代之呢？它就是光子的能量！我们可以对用波动说术语表达的论述进行翻译，将其改为光量子论术语后进行表述，举例如下。

应用波动说术语的表达：

单色光波长是确定的，光谱中红端的波长是紫端波长的两倍。

应用光量子论术语的表达：

单色光由光子组成，其能量是确定的，光谱中红端光子的能量是紫端光子能量的一半。

我们可以将现状总结如下：有一些现象可以用光量子论进行解释，但是波动说无法解释。光电效应就是这样的例子，当然还有一些其他类似的例子。此外，还有一些现象只能用波动说进行解释，光量子论却无法解释，其中一个典型现象就是光遇到障碍物会弯曲。当然，还存在一些现象，既可以用量子论又可以用波动说进行解释，比如说光沿直线传播的现象。

但是光到底是什么呢？是波还是光子呢？之前我们也问过相似的问题：光到底是波还是微粒呢？当时我们有充分理由放弃光的微粒说，接受波动说，因为波动说可以覆盖所有现象。现在问题更加复杂了。如果我们只使用这两种理论中的任意一种，似乎根本不可能对光的现象做出确切充分的解释，似乎有时候我们得用其中一种理论，有时又得用另一种理论，还有些时候两种理论都可以用。现在我们面临着一种新的困难，我们对于实在存在着两种互相矛盾的认知。如果将其分开孤立来看，其中任意一种认知都不能够完全解释所有的光现象，但把二者结合起来就可以相对完美地解释了！

　　但是如何才能够把这两种理论统一起来呢？我们又该如何理解光的这两个截然不同的方面呢？要解决这个新困难是很不容易的。我们再次遇到了一个根本性问题。

　　现在我们暂时接受光量子论，并借助它来帮助我们理解之前一直用波动说解释的现象。我们将会着重谈到那些使两种理论表面上看起来互相矛盾的困难。

　　我们记得，一束单色光穿过一个小孔时会形成亮环和暗环（第二章第八节"光的波动说"）。如果我们选择放弃波动说，那么如何应用光量子论解释这个现象呢？我们可以猜想，一个光子穿过了小孔，幕布上就会出现光亮；如果光子不穿过小孔，那么幕布会是暗的。但是实际上我们看到了亮环和暗环同时出现。我们可以试着做出如下解释：也许小孔边缘和导致衍射光环出现的光子之间存在着某种相互作用。当然，我们很难认为这个解释就是正确的。它最多大概给出了一个解释的预测，带给我们一点希望——之后可以通过物质和电子之间的相互作用来解释衍射现象。

　　但即使是这个微不足道的希望，也被我们此前讨论过的另一个实验结果击碎了。设置两个小孔，让单色光穿过这两个小孔，幕布上就会呈现出亮带和暗带。从光量子论的视角出发，我们该如何理解此现象呢？我们可以认为：一个光子穿过两个小孔中的任意一个。假设单色光的光子代表着光的基本粒子，我们无法想象它可以分开后同时穿过两个小孔。但这样的话，出现的现象应该和第一个例子完全相同，即应该是亮环和暗环，而非亮带和暗带。为什么多出来了一个小孔，就完全改变了实验结果呢？显然，对于没有光子通过的那个小孔而言，即使它处于相当远的地方，也会把亮环和暗环变成亮带和暗带。如果光子跟经典物理学中的微粒性质一样的话，那么它只可能穿过两个小孔中的一个。但是在这样的情况下，衍射现象似乎就完全不可理解了。

科学促使新观点和新理论的产生，它们的目的在于清除那些时常阻碍科学进一步发展的种种矛盾。所有科学中重要理念的诞生都是因为现实和我们对它的理解之间存在着剧烈冲突。这里也是如此，我们需要应用新的原理才能够解决这些问题。在我们谈论现代物理学在解释光量子论和波动说之间矛盾时做出的努力之前，我们要指出，即使不讨论光量子，只关心物质量子，我们也同样会遇到这个困难。

≫ 光谱

我们已经知道所有物质都只由为数不多的几种粒子组成。我们最先发现的物质基本粒子是电子，它同时也是负电荷的基本量子。有一些现象又促使我们认定光是由光子组成的，如果光的波长不同，光子就各不相同。在进一步讨论之前，我们必须先讨论一些物质和辐射在其中发挥着重要作用的物理现象。

通过三棱镜将太阳辐射分解成各个组成部分，这样我们就可以得到太阳的连续光谱。处于可见光谱线两端间的任何波长都可以在这个光谱上找到。我们再来举一个例子。此前我们谈到过，钠在炽热发光时会发射单色光，其波长是确定的。如果把炽热的钠放在三棱镜前，在三棱镜后面我们只能看到一条黄线。总而言之，如果把一个辐射物体放在三棱镜前，它所发射的光就会被分解为各个组成部分，我们就可以看出发射体的光谱特性了。

在一根含有气体的管子中释放电流，就会产生一个光源，这就是广告牌上使用的会发光的霓虹灯的工作原理。假设把这样的一根管子放在光谱仪前面，光谱仪跟三棱镜的作用一样，但是其精确度和灵敏度更高，它可以把光分解成各个组成部分。也就是说，它可以分析光。通过光谱仪观察太阳光，我们能看到连续光谱，其中不同波长的光都会出现。但是，如果光源是由电流从气体中穿过形成的话，光谱的特点就不一样了。跟太阳光表现出来的连续多色光谱不同，它的光谱是在连续黑暗的背景上出现互相分开的亮带。如果每一条亮带都很窄的话，那么这些亮带会各对应一种颜色。如果用波动说的语言来描述的话，就是亮带各对应着一个波长。例如，如果光谱中出现20条亮带，就意味着有20种不同波长，我们可以用跟波长对应的20个数中的某一个来标记相应的亮带。不同元素的气体对应着不同的光谱线系统，因此用于表示组成光谱的各种波长的数值组合也不同。两种元素不会有完全一样的光谱线系统，就像任意两个人的指纹都不会完全相同一样。物理学家整理出了这些光谱线的类别，从而逐渐意识到其中蕴藏的定律，而且我们可以通过一个简单的数学公式，来替代那些看上去似乎不相关的表示各种波长的数值。

上面我们谈到的所有内容都可以转译为光量子论的语言。每一个亮带都对应着一种波长，或者说对应着带有确定能量的光子。发光的气体并不会发射带有任何可能能量的光子，而只能发射代表这种物质特点的那些光子。实在却又一次限制了可能性的出现。

某一类元素的原子，比如说氢原子，只能发射出带有确定能量的光子。换句话说，它只被允许发射出确定能量的光子，其他都是被禁止的。简单起见，我们假定某一类元素只能发射出一条光谱线，也就是能量确定的某一种光子。原子在发射光子之前，其能量要比发射之后高一点。根据能量守恒定律，发射光子之后，原子的**能级**会降低，而能量降低的程度一定等于所发射出去的光子的能量。因此，某一类元素的原子只进行波长确定的辐射，即只发射能量确定的光子。我们可以用不同的方式来进行表述，即某一类元素的原子只会有两个能级，光子的发射意味着原子从较高的能级跃迁到了较低的能级。

一般说来，元素的光谱中光谱线不止一条，所以它发射出来的光子会对应很多种能量，而不是只对应其中一种。或者换句话说，我们必须假定在原子内部存在着多个能级，光子的发射则意味着原子从较高的能级跃迁到了较低的能级。但重要的是，我们不能够假定任意一种能级的存在，因为在一种元素的光谱里，并不会出现所有的波长或者所有的光子能量。所以，与其说每一类原子的光谱内有某些确定的光谱线或者确定的波长，不如说每一类原子都有某些确定的能级，光量子的发射意味着原子从一个能级向另一能级跃迁。一般而言，能级并非连续的，而是不连续的。我们再次看到实在限制了丰富可能性的出现。

玻尔（Bohr）首次证明了为什么出现在光谱中的是这些光谱线，而非其他的光谱线。他的理论形成于25年前，其中描述了他对原子的理解。根据他的理论，至少在十分简单的例子中，我们可以计算出元素的光谱。有了这个理论之后，那些表面上看起来枯燥无味又没有关联的数值突然变得紧密相关了。

玻尔的理论使我们迈向了一个更加深刻、更加普遍的理论，也就是波动力学或量子力学。本书最后这一部分的目的就是要阐明这个理论的主要理念。不过在这之前，我们还是要再讲一个更具理论化特点的实验结果。其相较之下，也更特殊。

可见光谱开始的一端是波长确定的紫色光，而结束的一端是波长确定的红色光。或者换句话说，在可见光谱中，光子的能量永远处于紫光和红光光子能量形成的区间内。当然，这样的区间限制仅仅是由人类肉眼的特性导致的。如果原子中某些能级的能量差足够大，那么其将会发射出一种紫外光的光子，其光谱线会在可见光谱之外。我们无法通过肉眼来判断它是否存在，必须要借助照相底片。

X射线同样由光子组成，但是其光子能量要远远超过可见光的光子能量。换句话说，X射线的波长要远远小于可见光的波长，事实上它只是可见光波长的几千分之一。

但是我们是否能够通过实验来确定这样小的波长呢？对于普通光而言，这已经十分困难了。现在，我们必须得有更小的障碍物或者更小的孔径。对于普通光而言，利用两个非常靠近的小孔就可以产生衍射现象，但是如果要使X射线的衍射现象出现，那么这两个小孔的孔径就必须得是之前的几千分之一，二者间的距离也得是之前的几千分之一。

那么，我们如何才能确定这些射线的波长呢？大自然为我们提供了一些帮助。

晶体是很多相距极近的原子按序排列形成的集合。图4-2所示为晶体结构的一个简单模型。我们用元素原子所构成的极小的障碍物来取代小孔。这些原子之间的距离极小，且是完全按序排列的。晶体结构理论指出，原子之间的距离足够小时，可以使X射线的衍射现象出现。实验已经证明，我们可以通过一个在晶体内部构成规律三维结构的这些紧密排列在一起的障碍物来使X射线出现衍射现象。

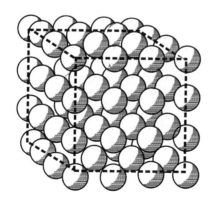

图4-2

假设有一束X射线照射在晶体上，在其穿过晶体之后，我们把它记录在照相底片上，这样我们就可以看到衍射图样。我们已经采用许多不同的方式研究了X射线的光谱（图4-3），同时试着从衍射图样中推算波长相关数据。这里我们就不做过多论述了，如果真的细致地指出理论和实验上的细节，肯定需要写几本书。图4-4所示为用其中一种方式得出的衍射图样。我们再次看到了具有波动说特点的暗环和亮环。在其中心处我们可以看到没有发生衍射现象的光线。如果不把晶体放在X射线和照相底片之间，那么照相底片中心处只会出现光斑。根据这类图片，我们可以计算出X射线的波长，如果已知波长，我们可以确定晶体的结构。图4-5所示为电子波的衍射图样。

图4-3 ［由A. G. 申斯通摄］

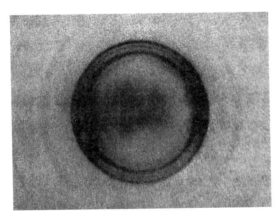

图4-4 ［由拉斯托维金（Lastlowiecki）及格雷戈尔（Gregor）摄］

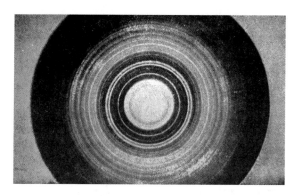

图4-5 ［由圣洛里亚及克林格（Klinger）摄］

>> 物质波

我们该如何理解元素光谱中只存在某些特定波长这一现象呢？

我们经常看到，在物理学中人们将一些表面上看起来互不关联的现象进行类比后，取得了重大进展。在本书中，我们经常看到在科学的某一分支中建立和发展起来的概念，后来是如何被成功应用于其他分支的。机械观和场论的发展中有很多这样的例子。把已解决的和尚未解决的问题联系在一起，也许会让我们产生一些新想法，进而克服面临的困难。做一些浅显的类比很容易，但是它们说明不了什么问题。真正重要的创造性工作在于，找到一些隐藏在表面之下的共同特征，并在其基础上形成一个新的理论。德布罗意（de Broglie）和薛定谔（Schrödinger）推动的所谓"波动力学"就是采用这种深刻的类比方法成功推导出该理论的一个典型案例。

我们的出发点是跟现代物理学毫无关系的一个经典例子：握住一根很长的可伸缩橡皮管或很长的弹簧的一端，然后有节奏地上下移动，于是这一端就会随力摆动（图4-6）。之后就像我们在很多其他例子中见到的一样，这样的摆动会产生波，而波会以确定的速度通过橡皮管进行传播。如果橡皮管或弹簧无限长，那么波一旦产生了，在不受外力干涉的情况下，就会永无止境地运动下去。

图4-6

现在我们再来看另一个例子。同样取上文中的橡皮管，不过这次我们把其两端固定起来。假如你喜欢，也可以用琴弦来代替。现在如果在橡皮管或琴弦的某一端产生了一个波，那么将会发生什么呢？跟上个例子一样，波一开始会运动下去，但马上就会被另一端反射回来。现在我们看到存在着两种波，一种是由摆动产生的，另一种是由反射产生的，它们的运动方向相反且会互相干涉。追踪两种波的互相干涉并找到它们彼此叠加形成的一种波并不是什么难事，我们把这种波称为**驻波**。"驻"和"波"这两个字看起来似乎是矛盾的，但是它们合在一起正好说明了驻波是两种波相互叠加的结果。

关于驻波的最简单的例子莫过于两端固定的绳子一上一下运动，如图4-7所示。这种运动是两个波运动方向相反时其中一个波跟另一个波重合产生的结果。这种运动的特点在于只有两个端点处于静止状态。这两个端点叫作**波节**。驻波就处于两个波节之间，绳子上的所有点都同时达到其位置偏移的最大值和最小值。

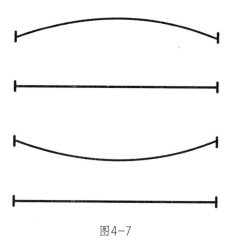

图4-7

这只是驻波最简单的类型，还存在其他类型的驻波。例如，有一种驻波有3个波节，两端各一个，中央一个。在这种情况下，有3点始终处于静止状态。如图4-8所示，与具有2个波节的驻波相比，有3个波节的驻波波长只有其一半。此外，驻波还可以有4个、5个甚至更多的波节（图4-9）。在所有情况下，驻波波长取决于波节的数量。波节的数量只能是整数，而且其改变只能是跳跃式的。"驻波波节的数量是3.576"这样的说法显然是没有任何意义的。因此，波长的改变只能是不连续的。在这个最经典的问题中，我们看到了熟悉的量子理论特征。拉小提琴时，产生的驻波要更加复杂，它是由具有2个、3个、4个、5个甚至更多个波节的波混合而成的，或者说它是由许多不同波长的波组成的混合体。物理学可以把这样的混合体分解成简单驻波。用我们之前的术语可以表述为：摆动的弦就像元素发出辐射一样，有它自己的谱。跟元素的光谱一样，这个谱中也只存在某些特定的波长，而其他波长是不会出现的。

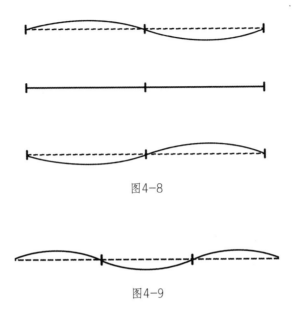

图4-8

图4-9

　　这样，我们就发现了摆动的弦和发出辐射的原子之间存在的某些相似之处。这个类比看上去似乎有点奇怪，但是既然选择这样类比了，我们就试着进一步从中得出结论，然后对它们进行对比。所有元素的原子都是由基本粒子组成的，其中较重的粒子组成原子核，较轻的粒子就是电子。这样一个由粒子组成的系统有点类似于一个产生驻波的小乐器。

　　但是驻波是两个或者多个波互相干涉产生的结果。如果想让我们的类比更加真实的话，那么应该用比原子更简单的排列对应传播中的波。什么是最简单的排列呢？在我们的物质世界中，最简单的东西莫过于没有任何力作用其上（处于静止状态或者做匀速直线运动）的基本粒子，也就是电子。我们可以在我们的类比链条中新加一环：匀速直线运动的电子相当于波长确定的波。这就是德布罗意提出的大胆新理念。

　　我们之前讲过，在一些现象中，光表现出波动性的特征，但在另一些现象中，光表现出微粒性的特征。习惯接受光是一种波的理念之后，我们发现在某些场合中，例如在光电效应中，光的特征就像是光子的特征一样，这让我们感到十分惊讶。对于电子而言，我们现在的情况正好相反。我们已经习惯于把电子视为粒子或者电和物质的基本量子了，甚至我们已经测出它的电荷和质量。如果德布罗意的想法有对的地方，那么物质肯定会在某些现象中表现出波动的性质。我们通过类比声波得到了这个结论，尽管它一开始看起来好像十分奇怪且难以理解。运动的微粒怎么会跟波有关系呢？但是这并不是我们第一次在物理学中遇到这一类的困难，在光现象领域中，我们也曾遇到过同样的问题。

　　当形成一种物理学理论时，基本理念发挥着最重要的作用。物理书中写满了复杂的数学公式，但是所有物理学理论的开端都是思维和理念，而非公式。这些理念之后必须以定量理论中的数学形式出现，这样它才能够与实验结果进行比较。我们可以用目前正在讨论的例子来做一点解释。我们做出的一个主要猜想是：在某些现象中，电子做匀速直线运动时的行为表现和波类似。假设一个电子或者说速度完全相同的很多电子在做匀速直线运动，并且每一个电子的质量、电荷和速度都是已知的。如果我们想以某种方式把波的概念跟做匀速直线运动的电子联系起来，那么就必须要问：波长是什么？这是一个定量问题，所以我们应该形成一个多少带有定量性质的理论来回答这个问题。事实上，这是个很简单的问题。德布罗意在其著作中回答了这个问题，并且其著作中数学的简易性最令人称奇。相比而言，其他物理学理论使用的数学手段就要复杂得多了。而在处理物质波的问题上，德布罗意采用的数学手段十分简单且基础，但是他的基本理念十分深刻，而且影响深远。

　　之前在讨论光波和光子时我们曾看到，可以将任何用波动说的语言进行表述的内容，翻译成光子说或者光的微粒说的语言。这对电子波而言也是如此。大家都已经非常熟悉如何用光的微粒说的语言去描述匀速直线运动的电子；而所有用光的微粒说语言进行描述的内容，都可转译为波动说的语言。从两个线索中我们可以看出这种翻译遵循的法则。其中一个线索是光波和电子波之间或者光子和电子之间的类比。我们试着将在光现象中使用的翻译方法应用于物质。狭义相对论提供了另外一个线索：自然定律相对于洛伦兹转换而言是不变的，而非对经典转换而言是不变的。把这两个线索合二为一，我们就能够确定与运动电子相对应的波长。根据这一理论，一个电子以某一确定的速度运动，比如说以10000英里/秒的速度运动，我们很容易就能计算出其波长——与X射线处在同一波长范围内。因此我们可以得出结论，如果我们可以检测到物质的波动性，那么所使用的实验方法应该与检测X射线的方法相似。

假设有一电子束以某一确定的速度做匀速运动（若用波动说的术语来描述的话：有一均匀的电子波），我们同时假设它落到极薄的晶体上，而晶体可以使电子波发生衍射。晶体中的衍射障碍物之间的距离小到足以使X射线发生衍射现象。因此，鉴于电子波的波长和X射线处于同一范围，我们可以预测它也会产生同样的现象。照相底片应该同样会记录下电子波通过晶体薄层时发生的衍射现象。而实验也证实了该理论取得的一个无可置疑的重大成就，即电子波的衍射现象。如图4-4和图4-5所示，我们可以看到电子波衍射和X射线衍射之间存在着极为明显的相似之处。我们知道，这样的图样可以用来确定X射线的波长，那么同样地，它也可以帮助我们确定电子波的波长。衍射图样揭示出了物质波的波长，理论和实验在定量方面的绝对一致性成功地证实了我们提出的论证链条。

这个结果增加了我们之前所遇到的困难的广度和深度。我们只要举一个与之前讨论光波时相似的例子就能清楚地说明这一点。一个电子通过一个极小的孔时会像光波一样弯曲，照相底片上会出现亮环与暗环。也许我们有望通过电子和小孔边缘的相互作用来解释该现象，尽管这种解释并不十分有希望。但是两个小孔的情况又该如何解释呢？照相底片上出现的是亮带而不是亮环。为什么多了一个小孔就完全改变了该现象呢？电子是不可分裂的，所以似乎它只能穿过这两个小孔中的一个。电子在穿过其中一个小孔时又怎会知道在一段距离之外还有另一个小孔呢？

我们之前提出过这样的问题：光是什么？它是粒子流还是波呢？现在我们要问：物质是什么？电子是什么？它是粒子还是波呢？在穿过外电场或外磁场时，电子的行为表现像粒子，但是在穿过晶体发生衍射现象时，它表现得又像波。对于物质的基本量子，我们再次遇到了此前讨论光量子时遇到的困难。现代科学的发展过程中出现的最基本的问题之一，就是怎样把物质和波这两种对立的观点统一起来。一旦我们能够解决这个问题，从长期来看一定会促进科学的发展。物理学一直在试图解决这个问题。至于现在物理学所提出的解决方案到底是永远正确的还是暂时正确的，未来自会做出判断。

≫ 概率波

按照经典力学，如果我们已知某一质点的位置和速度，以及作用在它上面的外力，那就可以根据力学定律来预测之后它的运动路径。在经典力学中，"质点在某一时刻处于某一位置，拥有某一速度"这句话具有完全确定的意义。如果这样一句话失去了它的意义，那我们之前对预测未来运动路径做出的论证（第一章第四节"运动之谜"）也就站不住脚了。

19世纪初，科学家们曾试图将整个物理学简化为作用在质点上的简单的力（这些质点在任何时刻位置和速度都是确定的）。我们来回想一下本书一开始在物理学领域内讨论力学问题时是如何描述运动的：在一条确定的路线上画出许多点，用以标记物体在某一确定时刻的准确位置；之后又画出切线矢量，用来表示速度的大小和方向。这个方法十分简单，又能令人信服。但是对于物质的基本量子（电子）或能量的基本量子（光子），我们无法再使用这个方法了。我们无法用在经典力学中描述运动的方法来描述光子或电子的运动。两个小孔的例子清晰地说明了这一点。电子或光子似乎是同时穿过两个小孔的，因此，用经典力学的方法来描述电子或光子的运动，根本不可能解释这种现象。

当然我们还是得假定一些基本作用的存在，比如电子或光子穿过两个小孔。物质和能量的基本量子毋庸置疑是存在的。不过只用经典力学中选取的方式——简单地描述出在某一确定时刻的位置和速度——肯定无法帮助我们形成可以描述这些现象的基本定律。

因此，我们要试试其他方法。我们可以继续重复这一基本过程，即把电子一个接一个地朝小孔方向射去。这里使用"电子"只是为了叙述得更加清楚，我们所有的论证同样适用于光子。

把同一个实验以完全相同的方式重复无数次，所有的电子速度都相同且都朝着两个小孔的方向运动。很明显这是一个理想化的实验，在现实中是不可能实现的。设想出这个实验十分容易，但我们无法像用枪发射子弹那样，在某一确定时刻将电子或光子一个接一个地发射出去。

重复实验的结果一定会是：只有一个小孔时，电子穿过其中会出现亮环和暗环；而当有两个小孔时，电子穿过其中会出现亮带和暗带。但是它们之间有一个重大差异。在只有一个单独电子的情况下，实验结果显得无法理解。把实验重复无数次，就容易理解多了。现在我们可以说，许多电子落下的地方就是亮带，电子落得越少的地方就越黑暗；如果出现了绝对的黑色斑点，那就意味着没有任何一个电子落到这个地方。当然我们无法假定所有的电子都只穿过两个小孔中的某一个，因为假如真的是这样的话，打开或封闭另一个小孔就没有任何意义了。但是我们也已经知道，封闭第二个小孔做实验所得到的结果的确是不同的。一个粒子无法再进行分裂，我们也不能假定它可以同时穿过两个小孔。无数次重复实验的结果为我们指明了另一条路：一部分电子穿过了第一个小孔，而另一部分电子穿过了第二个小孔。虽然我们不知道各个电子选择某个特定小孔的原因，但是重复实验得到的最后结果是这些电子从光源处出发后，各有一部分穿过这两个小孔中的一个投射到了幕布上。如果在重复实验的过程中，我们只考虑电子构成的整体所发生的事，不去考虑单个电子的行为，那么我们就能理解带有亮环的图和带有亮带的图之间的区别了。在上述实验过程中，诞生了一个新的理念，即群体中的个体行为是不可预测的。我们无法预测某一个电子的运动路径，但是我们可以预测幕布上最终会显示出亮带和暗带。

我们现在暂时抛开量子物理学。

如前所述，按照经典力学，如果我们已知某一质点的位置和速度，以及作用在它上面的外力，那就可以根据力学定律来预测之后它的运动路径。我们也看到了力学观点如何被应用于物质运动论。但是在这个理论中，通过我们的推理，产生了一个新的理念。彻底搞懂这个理念，对于理解我们之后的论证是大有裨益的。

假设有一装满气体的容器，要想追踪其中每一个粒子的运动，那么我们首先必须得知它们的初始状态，即所有粒子一开始的位置和速度。就算这样做是可行的，我们用几十年的时间也无法把所有结果都记录在纸上，因为我们所要观察的粒子数量实在太多了。即使有人想用经典力学中已知的方法来计算粒子运动后的最终位置，也很困难。原则上我们可以使用适用于行星运动计算的那种方法，但是在实际中这种方法是完全无效的，必须得用统计法来代替。统计法不要求我们必须准确知道所有粒子的初始状态。在某一给定时刻，我们对于一个体系情况的了解越少，也就越发不能够预测它的过去或未来。我们不再关心个别气体粒子的命运，现在我们面对的问题性质不同了。例如，我们不会再问"在这一时刻每一个粒子的速度是多少",而要问"有多少粒子的速度达到了1000~1100英尺/秒"。我们不再关心个体，我们要确定的是能代表整体的平均值。显然，统计式的推理方式只适用于包含极多个体的体系。

使用统计方法，我们无法预测整体中单个个体的行为，我们只能预测出个体以特殊方式运动的机会，或者说概率。假如统计规则告诉我们：有1/3的粒子运动速度是1000~1100英尺/秒，这就意味着需要对很多粒子进行重复观察，才能够得到平均值；或者换句话说，找到在这个速度范围内的一个粒子的概率是1/3。

同样，知道了一个超大社区的出生率，不意味着我们知道某个家庭是否有新生儿。这显示的只是统计结果，而个体特征在其中不起作用。

通过观察大量的汽车牌照，我们很快就会发现这些牌照号码中有1/3的号码是3的倍数。但我们无法预测下一刻要通过的汽车的牌照号码是否也具有这个特征。统计规律只适用于集体，而无法适用于构成这个集体的单一个体。

现在我们可以回到量子问题上来了。

量子物理学的规律都是具有统计性质的。这意味着，它们关注的并不是某一单一体系，而是由很多相同体系构成的一个整体。我们无法通过对某一个体进行测量来验证这些规律，只能通过一系列重复的检测来进行验证。

量子物理学试图形成一种规则，以使它适用于元素自发地转变成另一种元素这种现象；量子物理学也在放射性衰变中进行了相关尝试。例如，我们知道1克镭放置1600年，其中一半会衰变，另外一半会保持不变。据此，我们可以预测半个小时之后，大约有多少原子会发生衰变。但是即使只做理论上的描述，我们也无法说明为什么正好是那一部分原子注定要衰变。根据我们现在对这方面的认知，还无法指明哪些原子是注定要发生衰变的。一个原子的命运并不取决于它的寿命。我们目前没有任何办法可以确定适用于单个原子行为规范的规则，只能够形成适用于由很多原子组成的集合的统计规律。

我们再来看一个例子。把某一类元素的发光气体放在光谱仪前面，我们就可以看到一组不连续的、波长确定的光谱线。这是原子内部存在着基本量子的表现。但是这个问题还有另外一面，有一些光谱线十分清晰，另外一些则比较模糊。光谱线清晰意味着发射出来的属于这个特定波长的光子数量比较多，光谱线模糊则意味着发射出来的属于这个特定波长的光子数量比较少。这个理论再次让我们看到，它只是统计性质的。每一条光谱线都对应着从高能级到低能级的跃迁。理论只会告诉我们这些可能发生的跃迁实现的概率，但完全不会谈到底是哪一个特定原子发生了跃迁。这种理论在这里具有很好的适用性，因为这里所有的现象涉及的都是大集合，而非单个个体。

看起来量子物理学似乎与物质运动论有些相似，因为两者都是统计性质的，而且涉及的都是大集合。但事实并非如此。在这个类比中，我们不仅要理解它们的相似之处，还要理解它们的不同之处。物质运动论和量子物理学的相似之处主要在于它们都具有统计性质，但是两者的不同之处是什么呢？

如果我们想知道在某一城市里超过20岁的男性和女性的人数，就必须得让所有公民填写表格，其包括性别、年龄等栏目。如果每个人都如实填写，那么我们只要进行简单计算，就可以得到统计性的结果了。这时我们不会具体考虑表中所填的个人的姓名和地址。我们的统计观点是在总结很多个体的情况后得到的。同样地，在物质运动论中，我们也是基于个体的规律得到了适用于整体的统计规律。

但是在量子物理学中，情况就截然不同了。在这里我们可以直接得出统计规律，个体规律则被完全抛弃了。在光子或者电子穿过两个小孔的例子中，我们已经看到，无法再像经典物理学中所做的那样，去描述基本粒子在空间和时间中可能发生的运动了。量子物理学放弃了基本粒子的个体规律，选择直接表明适用于整体的统计规律。我们没办法像经典物理学一样，基于量子物理学去描述基本粒子的位置和速度，也无法预测它们未来的运动路径。量子物理学只涉及整体，它的规律也都是关于整体而非个体的规律。

我们选择改变旧的经典观念并非因为无理由的空想或者追求新颖，而是出于现实的需求。在很多例子中，比如说在光的衍射现象中，我们可以看到应用旧观点时存在很多困难。除了衍射，我们也可以引用其他同样具有说服力的例子。我们在尝试理解实在方面做出的努力不断促使我们改变观点，但是直到未来，我们才能知道是否选择了唯一可行的道路，以及是否可能找到更好的解决问题的方式。

我们现在已经放弃将个体例子描述为空间和时间中的客观事件，已经引入了具有统计性质的规律。它们是现代量子物理学的主要特征。

之前，在引入新的物理实在（例如电磁场和引力场）时，我们都会大体描述一下以数学化的方式表达相关理念需要用到的那些方程式的特点。现在对于量子物理学而言，我们也会用同样的方法来进行一定的描述，简单地提到玻尔、德布罗意、薛定谔、海森堡、狄拉克和博恩等人的工作。

我们来考虑一个电子的情况。电子可以受任意外部电磁场的影响或完全不受外力影响。例如，它可以在原子核的场中运动，或者在一个晶体上出现衍射。量子物理学可告诉我们如何写出针对这些问题的数学方程来。

我们已经认识到摆动的弦、鼓膜、管乐器以及其他任何声学仪器等和发出辐射的原子存在一些相似之处。在声学问题的数学方程和量子物理学问题的数学方程之间也存在着一些相似之处，但是这两种情况下所做的定量物理解释是完全不同的。尽管方程式在形式上有一些相似之处，但是描述摆动的弦的物理量和描述辐射原子的物理量的意义是完全不同的。在摆动的弦这个例子中，我们要知道在任何一个时刻，弦上任意一点与其正常位置间出现的偏差。知道了某一时刻摆动的弦的形式，我们就知道了一切，之后通过数学方程进行计算，可得出在任意其他时刻弦上点相对于正常位置出现的偏差。相对于正常位置出现的偏差对应着弦上的每一点，这种情况可以用以下说法更为严谨地表示出来：在任何时刻，相对于正常位置的偏差是点在弦上坐标的*函数*。弦上的所有点构成了一个一维连续体，偏差就是在这个连续体中确定的函数，并可以通过摆动的弦的方程式计算出来。

同样，在电子的例子中，也有确定的函数对应着空间中的任意一点和任意时刻，我们把这个函数称作*概率波*。在我们所做的类比中，概率波就相当于声学问题中点与正常位置出现的偏差。概率波是在某一给定时刻三维连续体中的函数；而在弦的情况中，偏差是在某一给定时刻一维连续体中的函数。我们正在研究的量子体系知识就属于概率波的范畴，它能帮助回答所有跟这个体系相关的统计问题。它并不会告诉我们在任一时刻电子的位置和速度，因为这样的问题在量子物理学中是没有任何意义的。但是它会告诉我们在某一特定的点上遇到电子的概率，或者告诉我们在哪里遇到电子的概率最大。这个结果会涉及无数次重复的测量。应用量子物理学方程可以确定概率波，就像应用麦克斯韦方程组可以确定电磁场，或者应用万有引力方程可以确定引力场一样。量子物理学的定律也是一种结构定律。但是量子物理学方程所确定的物理概念的意义跟电磁场和引力场比起来要抽象得多，它们只提供了理解统计性问题的一种数学方法。

到目前为止，我们考虑了一些在外场中电子的情况，如果我们不再考虑电子这一种最小的带电体，而是考虑含有数十亿个电子的某一带电体，就可以抛开整个量子论，根据量子论出现之前的物理学来讨论问题。在讨论到金属导线中的电流、带电导体、电磁场的时候，我们可以应用麦克斯韦方程组中包含的旧的简单物理学。但是在涉及光电效应、光谱线的强度、放射性、电子波的衍射以及许多其他我们可以从中看出物质和能的量子特性的现象时，就不能这样做了。这时我们应该再向前迈一步。在经典物理学中我们谈到过一个粒子的位置和速度，现在我们需要考虑的则是跟这个粒子问题相对应的三维连续体中的概率波。

如果说我们之前学会了如何从经典物理学的视角出发来看待问题，那么现在量子物理学则为我们提供了从它这个视角出发看待类似问题的方式。

对于一个基本粒子，比如说电子或光子而言，如果无数遍地重复实验，我们就可以得到三维连续体中的概率波，这描述了该体系统计性行为的特征。但是如果不止一个粒子，而是有两个相互作用的粒子，比如说两个电子，一个电子和一个光子，或一个电子和一个原子核的时候，情况又会怎样呢？我们无法将它们区分开来，再用三维的概率波分别对它们进行描述，因为它们之间存在着相互作用。实际上，我们很容易就可以想到在量子物理学中，应该如何描述由两个相互作用的粒子组成的体系。我们暂时先退一步，回到经典物理学中来。我们可以用6个数值标记出空间中两个质点在任何时刻的位置，每一个质点对应着3个数值。这两个质点所有可能的位置形成了一个六维连续体，而不再像是一个质点那样形成了一个三维连续体。如果现在我们往前迈一步，回到量子物理学中来，就会得到六维连续体中的概率波，而不再像之前一个粒子时那样的三维连续体中的概率波。同样，3个、4个乃至更多粒子的概率波将分别是在九维、十二维以及更多维连续体上的函数。

这十分清晰地表明概率波比我们所在的三维空间内存在和传播的电磁场和引力场更加抽象。多维连续体就是概率波的背景，只有在一个粒子的情况下，维度的数量才和一般物理空间的维度数量相同。概率波唯一的物理意义在于，它让我们能够回答在一个粒子或者多个粒子情况下出现的各种统计性问题。例如，对于一个电子而言，我们可以问在某个特定地点遇到这个电子的概率是多少。对于两个电子而言，问题就会变成：在某一给定时刻，在两个特定位置分别遇到这两个粒子的概率是多少？

我们离开经典物理学的第一步，就是不再把个例作为时空中的客观事件进行描述。我们被迫应用了概率波提供给我们的统计方法。一旦选定了这个方法，我们就不得不进一步走向抽象化。因此，我们必须要引入可以对应多个粒子问题的多维概率波。

现在，简便起见，我们将除量子物理学之外的其他物理学统称作经典物理学。经典物理学和量子物理学是截然不同的。经典物理学的目的是描述存在于空间中的物体，并形成适用于描述这些物体随时间变化的定律。但是揭示出物质和辐射的微粒性和波动性的现象，以及明显带有统计性质的基本现象，包括放射性衰变、衍射、光谱线的发射等，还有很多其他现象，都迫使我们抛弃经典物理学。量子物理学的目的并不是描述空间中的个别物体及其随时间的变化。"这一物体是怎样的，它具有怎样的性质"这样的说法是不会出现在量子物理学中的。取而代之，我们会说："有了怎样的概率，个别物体是怎样的，而且具有怎样的性质。"在量子物理学中，不存在确定个别物体随时间变化的定律，取而代之的是确定概率随时间变化的定律。只有这个由量子物理学带来的基本变化，才使我们能比较充分地解释现象世界中很多现象都有的明显的不连续性和统计性。同时在这些现象中，物质和辐射的基本量子也表现出了不连续性和统计性特点。

但是随之而来的是更加复杂的新问题，直到现在，我们也没能够解决这些问题，这里我们只会谈到其中某几个还未能解决的问题。"科学"这本大书不管是现在还是将来都不会完结。每一次取得的重大进展都会带来新问题，而从长期来看，每一次发展都会揭示出更加深刻的新难题。

我们已经知道，在一个粒子或多个粒子的简单情况中，我们可以从经典的描述上升到量子的描述，从对时空中事件的客观描述上升到概率波的描述。但是我们还应记得在经典物理学中十分重要的场的概念。我们该如何描述物质基本量子和场之间的相互作用呢？如果说描述10个粒子的量子需要用三十维的概率波的话，那么要对一个场做量子描述的话，就需要一个无限维数的概率波了。从经典的场的概念过渡到量子物理学中概率波相对应的问题，是十分困难的。在这里想向前再迈一步着实不易，到目前为止，在解决这个问题上做出的各种努力都无法令人满意。此外，还有一个基本问题。在我们所做的所有从经典物理学过渡到量子物理学的论证中，都使用了旧的、非相对论的描述。这说明我们在进行描述时，是把时间和空间分开讨论的。但是，如果我们想从相对论提议的经典描述开始，那想要把这些问题上升到量子的问题就会变得更加复杂了。这是现代物理学需要解决的另外一个问题，当然找到一个完全令人满意的答案，我们还有很远的路要走。此外，对组成原子核的较重粒子形成一致的物理学理论还存在着困难。虽说已经有了很多相关实验数据，在阐释原子核问题上也做了许多努力，但是对于这个领域内一些最基本的问题，我们依旧不是十分清楚。

毫无疑问，量子物理学解释了大量不同的现象，在绝大多数问题上，理论和观察是相符的。量子物理学使我们进一步远离机械观，再回归到之前的理论，在这个时代似乎更加不可能了。但是毋庸置疑，量子物理学的根基还是两个基本概念，即物质和场。因此从这个意义上讲，它是一种二元论，所以它对于我们之前想把一切简化为场概念的那个老问题并没有什么帮助。

未来的发展是会沿着我们选定的量子物理学这条道路，还是说我们有希望向物理学中引入一些带有革命性的新观念呢？我们前进的道路是否也会像过去经常发生的那样，突然来一个急转弯呢？

在过去几年的时间里，量子物理学的所有困难都已集中于几个要点。物理学急切地期待着这些问题的解决。但是，现在我们无法预知这些困难将于何时何地得到解决。

≫ 物理学与实在

在本书中，我们只是勾勒了物理学发展的大致轮廓，并描述了其中最基本的理念。基于此，我们可以得出什么样的结论呢？

科学并不是一味地收集规律，也不是把各种互不相关的事实罗列在一个类别下。它是人类思维不受束缚地提出理念和概念的产物。物理学理论在尝试形成对实在的认知，并在它和我们的感性认识之间建立起联系。所以判断我们的心理认知是否正确的唯一方法，就是观察我们的理论能否以某种方式将实在和我们的认知联系起来。

我们已经看到，不断发展的物理学已经创造出了新的实在。但是追溯这个创造链的起点，我们会发现它要远远早于物理学的出现。我们产生的最原始概念之一就是一个物体。一棵树、一匹马以及其他任何物体的概念都是我们根据经验创造出来的，当然此类感性的认知跟外在的现象世界相比还是十分原始的。猫戏弄老鼠也是在用思维创造它自己原始的实在。猫对待所有老鼠的方式都是一样的，这说明它产生了自己的概念和理论，这可以作为它感性认知世界当中的行为准则。

"三棵树"和"两棵树"不一样，而"两棵树"跟"两块石头"也是不一样的。纯粹的数字概念，例如2、3、4等，从客观物体中产生，又摆脱了客观物体的束缚，这些数字就是我们通过思考来描述实在的创造物。

心理上对于时间的主观感觉，能够使我们对主观印象进行排序，使我们能够说出某一件事先于另一件事发生。但是通过使用钟表将数字和每一时刻联系起来，将时间看作一个一维连续体，就是一个创造物了。同样，欧几里得和非欧几里得的几何概念，以及把我们所处的空间看作一个三维连续体等这些概念，也都是人类思维的创造物。

物理学开端于质量、力和惯性系这些概念的发明。这些概念都是人类思维自由思考、创造得出的，它们促成了机械观的形成。对一个19世纪初期的物理学家而言，我们外部世界的实在是由粒子组成的，粒子之间存在着简单的相互作用的力，并且这些力只与距离相关。他一直努力保持自己的信念，即他能够使用这些关于实在的基本概念来解释自然界的一切现象。磁针偏转所带来的麻烦，以太结构所造成的困难，都促使我们形成对实在更加细致的认知。于是电磁场这个重大发明出现了。我们需要极为大胆的科学想象力，才能够意识到并不是物体的行为，而是位于物体之间的某种东西，即场的行为，对于我们梳理、理解事件更为重要。

后来物理学的进展既摧毁了旧概念，又创造了新概念。有了相对论之后，我们就抛弃了绝对时间和惯性系的概念。所有事件发生的背景不再是一维时间连续体和三维空间连续体，而是四维时空连续体，这也是一项新的发明，并且具有新的转换特性。我们不再需要惯性系了，任何坐标系对于描述自然现象而言都是同样适用的。

量子理论又创造出了关于实在的新的重大特征。不连续性取代了连续性。我们抛弃了适用于个体的定律，随之出现的是概率定律。

现代物理学所创造出的实在，跟物理学发展早期创造出的实在差别很大，但所有物理学理论的目标依旧是相同的。

我们都想通过物理学理论，找寻到一条可以带我们穿过由观察到的大量事实现象构成的迷宫的道路，来梳理、理解我们的主观感受。我们希望观察到的现象能符合我们对于实在提出的概念。如果不相信我们能够通过理论架构理解客观实在，如果不相信我们世界的内在和谐性，那就没有什么科学可言了。这种信念现在是，并且一直会是所有科学创造的根本动因。在我们所做的所有努力中，在所有新旧理念之间剧烈的冲突中，我们意识到了存在于自己内心的对于理解自然现象的永恒追求，以及对世界内在和谐性坚定不移的信念，而求知路上遇到的越来越多的困难，也只会使我们的求知欲越来越强。

｜结语：

原子现象领域内出现的大量不同的现象，再次促使我们形成新的物理概念。物质是微粒结构，它是由基本粒子，也就是物质量子组成的。因此，电荷也是微粒结构，而且从量子论视角来看，最重要的能也是微粒结构。光子是组成光的能量量子。

光是波还是光子束呢？一束电子是由很多基本粒子还是由一种波组成的呢？实验促使物理学去考虑这些基本问题。在寻找这些问题答案的过程中，我们不得不放弃用时空中发生的事件来描述原子现象的想法，进一步远离了机械观。量子物理学形成的是适用于整体而非个体的规律，描述的不是特征，而是概率，并不会揭示体系的未来，只会形成适用于概率变化以及由个体组成的整体的规律。